海上风电接入电网

建模与故障穿越技术

余 浩　黎灿兵　林 勇　魏 娟
龚贤夫　王晓辉　张 辽 编 著

中国电力出版社
CHINA ELECTRIC POWER PRESS

内 容 提 要

海上风能以其资源丰富、发电利用小时数相对较高、靠近负荷中心、不占用土地和适宜大规模开发等特点，成为近年来世界各国争相开发的新型能源。在此背景下编写了本书，对海上风电接入电网技术进行研究。

本书共分为 8 章，分别为概述、双馈风电机组建模与特性分析、永磁半直驱风电机组建模与特性分析、风电场的等值模型及特性分析、柔性直流输电在海上风电并网中的应用、柔性直流并网系统建模及特性分析、含高比例海上风电局部电网暂态建模仿真、海上风电并网对电网稳定性的影响。

本书既可供风电研究人员使用，也可作为高等院校及培训机构师生的参考用书。

图书在版编目（CIP）数据

海上风电接入电网建模与故障穿越技术 / 余浩等编著. —北京：中国电力出版社，2021.6
ISBN 978-7-5198-5511-6

Ⅰ. ①海… Ⅱ. ①余… Ⅲ. ①海上–风力发电–研究 Ⅳ. ①TM62

中国版本图书馆 CIP 数据核字（2021）第 054533 号

出版发行：中国电力出版社
地　　址：北京市东城区北京站西街 19 号（邮政编码 100005）
网　　址：http://www.cepp.sgcc.com.cn
责任编辑：罗　艳（010-63412315）
责任校对：黄　蓓　郝军燕
装帧设计：张俊霞
责任印制：石　雷

印　　刷：三河市百盛印装有限公司
版　　次：2021 年 6 月第一版
印　　次：2021 年 6 月北京第一次印刷
开　　本：710 毫米×1000 毫米　16 开本
印　　张：16.75　插　页 1
字　　数：282 千字
印　　数：0001—1000 册
定　　价：85.00 元

前　言 》》

随着陆上风资源开发的逐渐饱和，海上风电成为未来风能应用和发展的重点，越来越受到各国的重视。海上风能具有资源丰富、发电利用小时数相对较高、靠近负荷中心、不占用土地和适宜大规模开发等特点，是新能源发展的前沿领域，也是目前发展潜力最大的可再生能源。发展海上风电成为优化能源结构、实现能源转型升级、促进装备制造业发展的重要举措。

风电出力随机、随风速风向变化易引起电网有功、无功的变动，会造成并网点及近区电网电压波动；来源于风电机组中的电力电子元件产生大量谐波，对电网造成谐波污染；因此大规模海上风电接入将对电网电能质量造成较大影响。海上风电场特别是多风电场集中并网背景下，无功电压补偿配置及控制策略对电力系统的运行也会造成较大影响。在大规模海上风电集中接入局部电网的背景下，海上风电机组和风电场大规模脱网将对近区电网安全稳定运行造成较大威胁，风电机组及风电场的故障穿越特性对电网安全稳定运行影响也较大，因此合理评估系统故障对含高比例海上风电电网的安全稳定运行的影响迫在眉睫。

本书主要针对高比例海上风电集中接入局部电网，进行含高比例海上风电集群建模仿真技术和故障穿越特性等方面的研究，建立适用于大规模海上风电集中接入局部电网的电磁暂态详细仿真模型，揭示不同故障情况下大规模海上风电基地内部电力电子元件以及这些元件与电网间故障特性的交互作用对电网安全的影响机理。为后续开展含高比例海上风电集中接入局部电网的暂态建模仿真、并网要求、接入模式、运行控制、电能质量控制等方面的技术研究提供仿真基础支撑，促进海上风电并网技术的发展，提升电网安全可靠消纳海上风电的能力。

本书共包括 8 章。第 1 章详细介绍了海上风电发展概述，包括全球及我国的海上风电发展概述、海上风电技术发展特点和海上风电场并网导则等。介绍了风电故障穿越及控制策略，包括国内外故障穿越研究现状、故障穿越要求（低电压穿越、高电压穿越和频率适应性）和已有的高低压故障穿越策略等。

第 2 章和第 3 章分别介绍了双馈风电机组和永磁半直驱风电机组单机模型各模块的功能与 PSCAD 建模过程；并进行了稳态、高电压穿越及低电压穿越三种工况下的特性分析与整机模型验证，为后续深入分析奠定了基础。

第 4 章重点研究了风电场等值分群方法和风电场等值参数计算方法，建立了风电场多机组等值模型，并以 16 台机组详细模型与等值模型的稳态、动态仿真效果对比验证了等值方法的有效性。

第 5 章分析了柔性直流输电工作原理及特点，并结合国内外海上风电柔直并网工程开展情况研究了柔性直流输电在海上风电并网中的优势及局限性。

第 6 章在研究了柔性直流输电系统结构及控制逻辑的基础上，建立了海上风电柔直并网输电系统模型，研究了并网柔直系统故障穿越过程及其控制策略，仿真研究了并网柔直系统与风电场协调控制策略，并对比分析了海上风电高压交流/高压直流并网输电特性及其对电网的影响。

第 7 章构建了海上风电场故障穿越等特性研究的实地系统仿真模型。结合风电场实用化等值模型，开展了局部电网高比例海上风电高、低电压穿越特性，频率适应特性，柔直并网协调控制特性，谐波污染特性及工频过电压特性仿真研究。

第 8 章结合上文建模仿真研究，从系统安全稳定、电能质量、工频过电压、对电网规划的影响等方面分析梳理了海上风电对电网的影响。

最后，衷心感谢张子杰硕士、张哲萌、任万鑫参与本书的修订工作；同时也感谢左郑敏、许亮、黄欣、宫大千、段瑶等广东电网公司工作人员对本书出版的支持。

由于本书编写时间仓促，书中难免存在疏漏及不足之处，恳请广大读者批评指正。

著 者

2021 年 1 月

目　录 》》

前言

第1章　概述 ………………………………………………………… 1

　1.1　全球海上风电发展概述 …………………………………… 1

　1.2　中国海上风电发展概述 …………………………………… 3

　1.3　海上风电技术发展特点 …………………………………… 4

　1.4　海上风电场并网导则 ……………………………………… 6

第2章　双馈风电机组建模与特性分析 ………………………… 20

　2.1　风力涡轮机模块 …………………………………………… 20

　2.2　转子侧变流器控制模块 …………………………………… 22

　2.3　网侧变流器控制模块 ……………………………………… 25

　2.4　风速模块 …………………………………………………… 28

　2.5　传动系统模块 ……………………………………………… 28

　2.6　Crowbar 保护电路 ………………………………………… 29

　2.7　超级电容模块 ……………………………………………… 29

　2.8　高低电压穿越模块 ………………………………………… 31

　2.9　高低电压穿越控制策略 …………………………………… 33

　2.10　整机模型及验证 ………………………………………… 35

第3章　永磁半直驱风电机组建模与特性分析 ………………… 43

　3.1　永磁同步发电机模块 ……………………………………… 43

　3.2　机侧变流器控制模块 ……………………………………… 44

　3.3　网侧变流器控制模块 ……………………………………… 45

　3.4　PWM 调制模块 …………………………………………… 48

3.5 负序控制模块 ……………………………………………49

3.6 虚拟阻尼模块 ……………………………………………51

3.7 高低电压穿越模块 ………………………………………52

3.8 Chopper 保护模块 ………………………………………55

3.9 高低电压穿越控制策略 …………………………………56

3.10 整机模型及验证 ………………………………………58

第4章 风电场的等值模型及特性分析 ……………………83

4.1 风电场等值目标及思路 …………………………………83

4.2 基于风速因子的风电场分群方法 ………………………87

4.3 风电场等值参数计算方法 ………………………………90

4.4 等值模型仿真验证 ………………………………………95

第5章 柔性直流输电在海上风电并网中的应用 …………102

5.1 柔性直流输电概述 ……………………………………102

5.2 海上风电柔性直流并网特点 …………………………105

5.3 柔性直流输电基本工作原理 …………………………106

5.4 柔性直流输电并网对风电场的要求 …………………119

第6章 柔性直流并网系统建模及特性分析 ………………123

6.1 柔性直流输电系统及其控制 …………………………123

6.2 关键控制模块及建模 …………………………………124

6.3 并网柔直故障穿越及其控制策略 ……………………132

6.4 并网柔直系统与海上风电场协调控制 ………………140

6.5 交直流并网模式仿真对比及特性分析 ………………143

第7章 含高比例海上风电局部电网暂态建模仿真 ………148

7.1 局部电网构建 …………………………………………148

7.2 海上风电场稳态特性仿真 ……………………………159

7.3 海上风电高、低电压穿越特性仿真 …………………170

7.4 海上风电频率特性仿真 ………………………………182

7.5 柔直并网海上风电协调控制特性仿真 ……………………… 185

7.6 谐波仿真及治理 ………………………………………… 191

7.7 工频过电压仿真分析 …………………………………… 202

第8章 海上风电并网对电网稳定性的影响……………………… **223**

8.1 大规模海上风电脱网风险及对系统安全稳定的影响 ………… 223

8.2 海上风电场对电能质量的影响 ………………………… 234

8.3 海上风电场工频过电压问题及对系统的影响 …………… 242

8.4 海上风电并网对电网规划发展的影响 ………………… 253

第 1 章

概　　述

1.1　全球海上风电发展概述

　　根据全球风能理事会（global wind energy council，GWEC）的统计数据分析，2011～2020 年全球海上风电装机容量持续上升。2020 年全球海上风电新增装机容量 6068MW，累计装机容量达 35 293MW，较 2019 年增长 21%；其中，中国海上风电装机容量达 9996MW，占全球总装机量的 28.3%，仅次于英国，跃居世界第二❶。丹麦、芬兰、荷兰、爱尔兰、西班牙、比利时、日本、瑞典、韩国、美国和挪威等国的海上风电近年来也发展迅速。2011～2020 年全球海上风电新增和累计装机容量如图 1－1 所示。

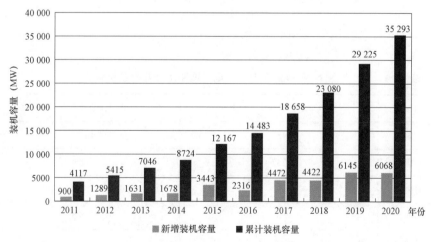

图 1－1　2011～2020 年全球海上风电新增和累计装机容量

---

❶ Global Wind Energy Council，Brussels，Belgium，Global Wind Statistics，2021.

从区域划分的角度来看,欧洲仍是全球海上风电行业的领跑者,如图 1-2 所示。表 1-1 为欧洲各国 2020 年海上风电新增和累计并网装机容量,其中英国(10 206MW)和德国(7728MW)表现最为突出,规模和技术水平均处于世界领先地位。根据 GWEC 发布的《2020 全球风电发展报告》,英国 2020 年海上风电新增装机容量 483MW,海上风电装机容量占全球近 28.9%;德国 2020 年新增装机容量 237MW,总装机容量占全球 22%。据 GWEC 预测,亚洲的年度装机每年可达到 5kMW 或更多,全球海上风电规模预计将从 2020 年的 6GW 增长到 2024 年的 15GW。

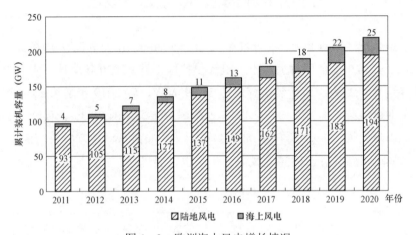

图 1-2 欧洲海上风电增长情况

表 1-1 欧洲各国 2020 年海上风电新增和累计并网装机容量

国家	2020 新增装机容量(MW)	2020 累计装机容量(MW)
英国	483	10 206
德国	237	7728
丹麦	0	1703
比利时	706	2262
荷兰	1493	2611
其他	17	327

从风电场规模来看，截至 2020 年单座海上风电场最大容量达 1218MW，位于英格兰约克郡海岸 120km 处。世界单场容量排名前 10 的风电场见表 1-2。

表 1-2　　　　　世界单场容量排名前 10 的海上风电场明细

风电场	容量（MW）	国家（地区）	风机型号	并网时间（年）
Hornsea One	1218	英国	174×Siemens SWT-7.0-154	2020
Borssele 1&2	752	荷兰	94×Siemens Gamesa 8MW	2020
East Anglia ONE	714	英国	102×Siemens SWT-7.0-154	2020
Walney Extension	659	英国	102×3.6MW，47×Siemens Gamesa 7MW，40×MHI Vestas V164 8.25MW	2012
London Array	630	英国	175×Siemens SWT-3.6	2013
Gemini Wind Farm	600	荷兰	150×Siemens SWT-4.0	2017
Beatrice	588	苏格兰	84×Siemens SWT-7.0-154	2019
Gode Wind （phases 1+2）	582	德国	97×Siemens SWT-6.0-154	2017
Gwynt y Môr	576	英国	160×Siemens SWT-3.6-107	2015
Race Bank	573	英国	91 x Siemens SWT-6.0-154	2018

1.2　中国海上风电发展概述

依据全球风能理事会（global wind energy council，GWEC）发布的统计数据，2020 年全国（除台、港、澳地区外）新增装机容量 5200 万 kW，同比增长 94.1%；累计装机容量达到 2.88 亿 kW，同比增长 22%。全国风电装机容量统计数据如图 1-3 所示。

2020 年，中国海上风电发展进一步提速，全年新增装机 306 万 kW，同比增长 27.8%，累计装机达到 999.6 万 kW。全国海上风电占风电总装机容量的比重由 2013 年的 0.5%上升至 2020 年的 3.47%，2013～2020 年全国海上风电累计装机容量及占比如图 1-4 所示。

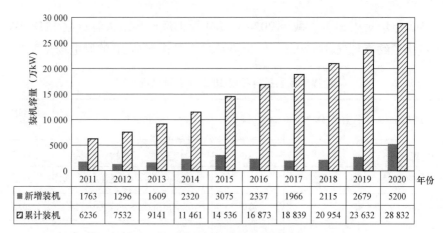

年份	2011	2012	2013	2014	2015	2016	2017	2018	2019	2020
新增装机	1763	1296	1609	2320	3075	2337	1966	2115	2679	5200
累计装机	6236	7532	9141	11 461	14 536	16 873	18 839	20 954	23 632	28 832

图 1-3　全国风电装机容量统计数据

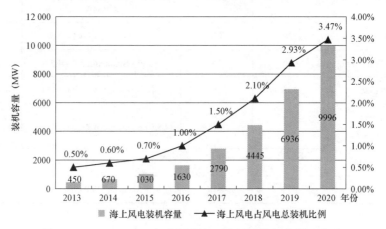

图 1-4　2013～2020 年全国海上风电累计装机容量及占比

1.3　海上风电技术发展特点

（1）风轮直径和单机容量不断增大。随着海上风电技术的进步，海上风电机组的功率更大、叶片更长，在海上风速稳定的情况下，发电量保持稳定并不断增加，如图 1-5 所示[1]。全球新装海上风电机组的平均单机容量已由 2007 年的 2.88MW 提高至 2015 年的 4.2MW；2017 年，欧洲新安装的海上风机平均单机容量 5.9MW，2018 年平均单机容量为 6.8MW，而据 2019 年欧洲海上风电

---

❶ Bin Wu. et al．风力发电系统的功率变换与控制．北京：机械工业出版社，2012.

数据统计，海上风电机组平均单机容量已经达 7.8MW。海上风电开发容量排在第一位（约占 15.6%）的丹麦能源巨头 Dong Energy 表示，在未来五年的项目投资决策中，将会偏向于 8～10MW 的大型海上风电机组。麦肯锡公司预计到 2024 年，海上风电单机机组的容量可达 13～15MW。

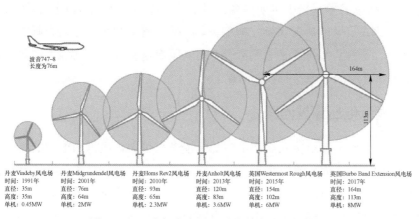

图 1-5　风电机组容量与叶片长度均大幅提升

（2）风电场呈集群化发展，规模不断增大。随着风电技术的不断进步及产业链的不断成熟，全球海上风电发展呈现大规模化及集群化等特点。2008 年欧洲海上风电场平均规模为 62.2MW，2009 年增长为 72.1MW，而 2018 年新建海上风场的平均装机规模已经达到了 561MW。目前全球共有 23 个在建海上风电项目，机组容量共 7GW，其中装机容量最大的为 732MW 的荷兰 Borssele 3&4 海上风电场。随着英国 Dogger Bank 地区数个装机容量达 120 万千瓦的海上风电项目获批，未来海上风电场的平均规模将进一步扩大。

（3）离岸距离和水深不断增加。自 2009 年以来，很多项目已经安装在离岸 30km 以上的水域，海上风电正在继续驶向更远和更深的水域。2018 年欧洲海上风电场平均水深 27.1m，平均离岸距离 33km。离岸距离更远的海上风电项目必然要增加水深，并增加项目设计和施工的难度。依照德国规定，为了保护自然保护区和对旅游业至关重要的北海浅滩，海上风电站至少需离海岸 30km，如德国 Global Tech 公司的海上风电场项目水深高达 40m，距离岸边 110km 以上。相比之下，英国及美国的海上风电场项目选址往往距离海岸较近。

1.4 海上风电场并网导则

随着可再生能源的迅速发展和并网，许多国家已更新其并网导则，以解决可再生能源发电相关的问题。根据新的并网导则，风电场应以常规发电厂的方式运行，其相关的并网导则主要内容包括故障穿越的要求、有功/无功功率控制、频率/电压调节、电能质量和系统的保护。此处主要介绍风电并网导则中的故障穿越问题，阐述了各国对低电压穿越、高电压穿越和频率穿越的不同要求，并归纳了当前常用的故障穿越控制策略。

1.4.1 高低电压穿越问题

随着海上风电机组接入局部电网的规模越来越大，风机和电网的耦合作用越来越明显。一方面，风电机组接入电网后，改变了电网潮流分布、系统惯量与传输功率，影响电网的暂态稳定、电压稳定和频率稳定；另一方面，由于风电机组通过并网逆变器连接到电网，电网故障时并网点电压、电流的变化会威胁电力电子器件的正常工作，影响风机安全运行❶。

在风电发展初期，风电接入电网的容量较小，当电网发生故障时，风电机组通过脱网运行保证自身安全。但随着高渗透、大容量风机接入电网，在电网故障情况下，风电机组的脱网运行会导致电网功率突然缺失，从而对电网产生二次冲击，影响电力系统的稳定性，严重时甚至可能导致电网瓦解。为了减少对电网稳定性的影响，世界各国相继制定了风机并网导则，规定了风机接入电网的技术标准，包括静态要求和动态要求。静态要求是风机在电网稳定情况下的稳态行为以及向并网点处的功率输出。动态要求则体现在电网故障条件下以及受干扰期间风力发电机的期望行为，也就是风机要具备一定的控制能力和保护机制。动态要求比较严格的方面是风机在电网故障期间一定时间范围内保持不脱网运行，即风机具备一定的故障穿越（fault ride-through，FRT）能力，其包括低电压穿越（low voltage ride-through，LVRT）和高电压穿越（high voltage ride-through，HVRT）。

低电压穿越能力要求风机在电网电压骤降的情况下保持与电网的连接，并注入一定的无功电流用来提高电网电压以支持电网故障恢复。维持低电压穿越

---

❶ 迟永宁. 大型风电场接入电网的稳定性问题研究 [D]. 中国电力科学研究院，2006.

的时间尺度取决于并网点电压降低幅度以及电网恢复到稳定状态所需时间。除了电网电压降低，也需考虑电压骤升故障，如风电场负载突然切除、单相接地故障导致的单相重合闸、大的电容补偿器突然接入等都会造成电网电压升高，特别是风电场建设在电网末端，风电场处于各种故障如短路故障、谐波畸变等易于发生的弱电网。风电机组自身无功调节能力较差，需要在风电场集中安装无功补偿装置支持电网无功需求，维持电网电压稳定。受风速等因素的影响，风机有功功率输出波动大且变化频繁，电网无功功率需求随之变化，由于具备快速响应性能的无功装置成本较高，风电场一般通过提高无功装置补偿容量以满足电网无功需求。电网发生故障时，风电场无功补偿装置投入使用帮助电网电压恢复稳定，故障清除后，由于无功补偿装置不具备自动切出功能且响应时间较长，风电机组低电压穿越成功之后由于无功补偿装置的继续作用导致电网无功功率过剩，造成公共点电压骤升。此时，若不具备高电压穿越能力，风机因为电网过电压从电网解列，造成风电机组连锁故障而发生大规模脱网事故，将对电网造成很大扰动，严重影响电网的稳定运行。

电网发生高电压故障时，定子电压升高，转子电路中产生过电压、过电流，转子变流器过调，造成直流母线电压升高，威胁转子侧变流器和网侧变流器的安全运行。双馈风电机组的定子绕组直接接入电网，转子绕组通过一个容量较小的背靠背变流器与电网连接，故双馈风电机组的定转子都可以和电网进行功率传输。维持高电压故障情况下背靠背换流器的正常工作对风机不脱网运行至关重要。图1-6为风电机组高、低电压穿越能力要求典型曲线。

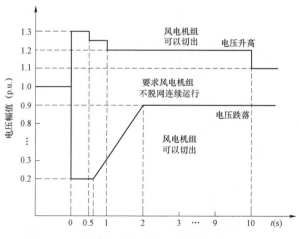

图1-6　风电机组高、低电压穿越要求典型曲线

1.4.2 故障穿越要求

风电的故障穿越要求主要包括低电压穿越要求（low voltage ride through，LVRT）、高电压穿越要求（how voltage ride through，HVRT）和频率穿越要求（frequency ride through，FRT），实现有功功率调节特性与电网频率和无功功率调节特性与电网电压的支撑作用。

1. 低电压穿越

各国对低电压穿越的要求基本相似：当电网发生电压跌落故障时，在一定范围内，风机必须不脱离电网，并且要像常规电源那样，向电网提供有功功率（频率）和无功功率（电压）支撑，一些国家的低电压穿越规范如图 1-7 所示。

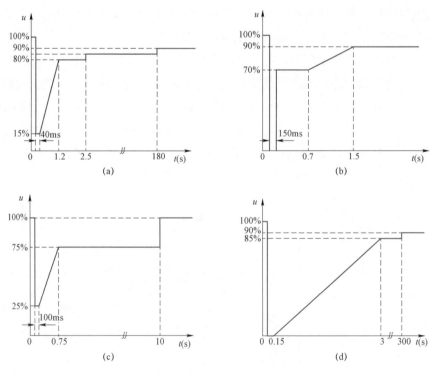

图 1-7 各国低电压穿越规范（一）

（a）英国国家电网；（b）德国 E-ON 要求；

（c）丹麦对风力发电的要求；（d）加拿大对风力发电的要求

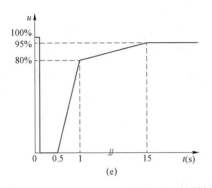
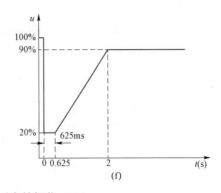

图 1-7 各国低电压穿越规范（二）

（e）西班牙 RED Electrical De ESpana 的要求；

（f）中国国家电网的要求

针对电压穿越，表 1-3 汇总了一些国家风电并网规程中 LVRT 技术要求。

表 1-3 世界风电主流市场风电并网规程 LVRT 技术要求汇总

标准类别	范围	深度	类型	时长（ms）	故障恢复时间	无功
中国 GB	≥66kV	20%U_n	1/2/3	625	2s 后 90%U_n	1.05I_n
德国 E.ON	>110kV	0%U_n	1/2/3	150	1.5s 后 90%U_n	1.0I_n
丹麦 UCTE	≥100kV >1.5MW	0%U_n	1/2/3	150	0.7s/60%U_n；1.5s/90%U_n	无
爱尔兰 ESB	≥110kV	15%U_n	1/2/3	625	3s 后 90%U_n	1.0I_n
英国 NGC	≥132kV ≥5MW	15%U_n	1/2/3	140	1.2s/80%U_n；2.5s/85%U_n；3min/90%U_n	1.0I_n
美国 WECC	≥115kV	0%U_n	1/2/3	150	1.75s 后 90%U_n	1.0I_n
美国 FERC	≥115kV >20MW	0%U_n 15%U_n	1/2/3	150 625	3s 后 90%U_n	1.0I_n
澳大利亚 NER	≥100kV	0%U_n	1/2/3	120	2s/80%U_n；10s/90%U_n	1.0I_n
南非 RSA	所有	0%U_n	1/2/3	150	2s/85%U_n；20s/90%U_n	1.0I_n
北欧 NCC	≥132kV	0%U_n	1/2/3	250	0.25s/25%U_n；0.75s/90%U_n	1.0I_n

GB/T 36995—2018《风力发电机组故障电压穿越能力测试规程》中明确提出了对风电机组的低电压穿越要求，如图 1-8 所示。

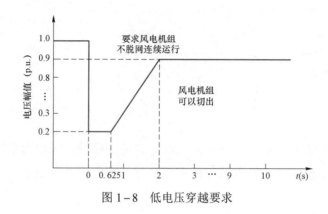

图 1-8 低电压穿越要求

低电压穿越要求风电机组应具有在规定的电压-时间范围内不脱网连续运行的能力。具体如下:

（1）有功功率恢复：对电压跌落期间没有脱网的风电机组，自电压恢复正常时刻开始，有功功率应以至少 10% 额定功率每秒的功率变化率恢复至实际风况对应的输出功率。

（2）动态无功支撑能力：当风电机组并网点发生三相对称电压跌落时，风电机组应自电压跌落出现的时刻起快速响应，通过注入容性无功电流支撑电压恢复。具体要求如下：

1）自并网点电压跌落时刻起，动态容性无功电流控制的响应时间不大于 75ms，且在电压故障期间持续注入容性无功电流。

2）风电机组提供的动态容性无功电流 I_{TC} 应满足

$$I_{TC} \geqslant 1.5 \times (0.9 - U_{TC})I_n \quad (0.2 \leqslant U_{TC} \leqslant 0.9) \quad (1-1)$$

式中：U_{TC} 为风电机组测试点线电压标幺值；I_n 为风电机组额定电流。

当风电机组并网点发生三相不对称电压跌落时，风电机组宜注入容性无功电流支撑电压恢复。

GB/T 19963—2011《风电场接入电力系统技术规定》中明确提出了对风电场的低电压穿越的要求，与图 1-8 一致。

（1）风电场并网点电压跌落至 20% 标称电压时，风电场内的风电机组应保证不脱网连续运行 625ms。

（2）风电场并网点电压在发生跌落后 2s 内能够恢复到标称电压的 90%，风电场内的风电机组应保证不脱网连续运行。

电力系统发生不同类型故障时，若风电场并网点考核电压全部在图 1-8

中电压轮廓线及以上的区域内，风电机组必须保证不脱网连续运行。

对电力系统故障期间没有切除的风电场，其有功功率在故障清除后应快速恢复。自故障清除时刻开始，以至少10%额定功率每秒的功率变化率恢复至故障前。在现有的仿真模型中，风电场在有功恢复期间的恢复速度普遍满足上述要求。

总装机容量在百万千万级规模及以上的风电场群，当电力系统发生三相短路引起电压跌落时，风电场在低电压穿越过程中应具有以下动态无功支撑能力。

（1）当风电场并网点电压处于标称电压的20%～90%区间内时，风电场应能够通过注入无功电流支撑电压恢复；自并网点电压跌落时刻起，动态无功电流控制的响应时间不大于75ms，持续时间应不少于550ms。

（2）风电场注入电力系统的动态无功电流 I_T 为

$$I_T \geqslant 1.5 \times (0.9 - U_T)I_N \quad (0.2 \leqslant U_T \leqslant 0.9) \tag{1-2}$$

式中：U_T 为风电场并网点电压标幺值；I_N 为风电场额定电流。

2. 高电压穿越

表1-4汇总了一些国家风电并网规程中HVRT技术要求。

表1-4　　世界主流市场风电并网规程HVRT技术要求

标准类别	实用电压范围（kV）	HVRT要求
中国GB	≥66	无
约旦	400，132	（1.1～1.2）p.u.时保持联网至少60s
德国E.ON	110，220，380	大于等于1.2p.u.时保持联网至少0.1s
丹麦UCTE	>100	（1.2～1.3）p.u.时保持联网至少0.1s
加拿大Quebec	≥69	（1.1～1.15）p.u.时保持联网至少300s；（1.15～1.2）p.u.时保持联网至少30s；（1.2～1.25）p.u.时保持联网至少2s；（1.25～1.4）p.u.时保持联网至少0.1s；大于1.4p.u.时保持联网至少0.033s
美国WECC	115，230，345	（1.1～1.15）p.u.时保持联网至少3s；（1.15～1.175）p.u.时保持联网至少2s；（1.175～1.2）p.u.时保持联网至少1s；大于1.2p.u.时可以跳闸
澳大利亚NER	100，250，400	（1.1～1.3）p.u.时保持联网至少0.9s；>1.3p.u.时保持联网至少0.06s
南非RSA	TS，DS	>1.1p.u.时保持联网至少2s；>1.2p.u.时保持联网至少0.16s

GB/T 36995—2018《风力发电机组故障电压穿越能力测试规程》中明确提出了风电机组的高电压穿越要求，如图1-9所示。

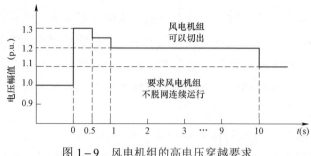

图 1－9　风电机组的高电压穿越要求

高电压穿越要求风电机组应具有在图 1－9 规定的电压－时间范围内不脱网连续运行的能力。要求如下：

（1）有功功率输出：没有脱网的风电机组，在电压升高时刻及电压恢复正常时刻，有功功率波动幅值应在±50%额定功率范围内，且波动幅度应大于零，波动时间应不大于 80ms；在电压升高期间，输出有功功率波动幅度应在±5%额定功率范围内；电压恢复正常后，输出功率应为实际风况对应的输出功率。

（2）动态无功支撑能力：当风电机组并网点发生三相对称电压升高时，风电机组应自电压升高出现的时刻起快速响应，通过注入感性无功电流支撑电压恢复。具体要求如下：

1）自并网点电压升高出现的时刻起，动态感性无功电流控制的响应时间不大于 40ms，且在电压故障期间持续注入感性无功电流。

2）风电机组提供的动态容性无功电流 I_{TL} 应满足

$$I_{TL} \geqslant 1.5 \times (U_{TC} - 1.1)I_n \quad (1.1 \leqslant U_{TC} \leqslant 1.3) \quad\quad (1-3)$$

当风电机组并网点发生三相不对称电压升高时，风电机组宜注入感性无功电流支撑电压恢复。

对风电场的高电压故障穿越要求尚未制定国家标准。GB/T 19963—2011《风电场接入电力系统技术规定》中仅对风电场的高电压适应性有一定要求。当风电场并网点电压在标称电压的 90%～110%时，风电机组应能正常运行；当风电场并网点电压超过标称电压的 110%时，风电场的运行状态由风电机组的性能确定。

南方电网公司企业标准 QCSG 1211017—2018《风电场接入电网技术规范》中对风电场高电压穿越要求如下：

（1）基本要求。风电场高电压穿越基本要求如图 1－10 所示。对于目前尚不具备高电压穿越能力且已投运的风电场，在技术条件具备情况下应根据电力系统安全稳定要求开展机组改造工作，以具备高电压穿越能力。新建风电场应具备高电压穿越能力。风电场并网点电压在图1-10电压轮廓线下方时，要求风电机组不脱网连续运行。

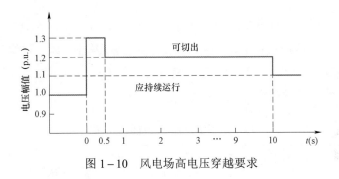

图1-10　风电场高电压穿越要求

（2）故障类型及考核电压。高电压穿越仅考核三相故障，风电场并网点电压在图1-10中的电压轮廓线以下时，场内的风电机组应保证不脱网连续运行。风电场高电压穿越的具体要求见表1-5。对于特高压直流配套风电场以及与其接入到同一汇集站的风电场，其高电压穿越要求应结合风电场实际接入情况分析确定。

表1-5　　　　　　　　　　风电场高电压穿越运行时间要求

并网点工频电压值（p.u.）	运行时间
$U_T \leqslant 1.10$	连续运行
$1.10 < U_T \leqslant 1.20$	具有每次运行10s的能力
$1.20 < U_T \leqslant 1.30$	具有每次运行500ms的能力
$1.30 < U_T$	允许退出运行

3. 频率适应性

GB/T 36994—2018《风力发电机组电网适应性测试规程》中明确提出了风电机组的频率偏差适应性。

风电机组正常运行且不参与系统调频时，利用测试装置在测试点产生要求的频率偏差，当测试点的频率在48.0～51.5Hz范围内，风电机组应能正常运行。风电机组频率耐受能力测试内容见表1-6。

表 1-6 风电机组频率耐受能力测试内容

频率范围（Hz）	频率设定值（Hz）	持续时间（min）
48.0～51.5	48	30
	51.5	30

风电机组正常运行且有功出力大于 $20\%P_n$ 时，当测试点频率变化超过阈值（推荐 0.3Hz/s），风电机组应能响应于系统的频率变化率。风电机组有功出力分别在 $0.2P_n \leqslant P \leqslant 0.5P_n$ 和 $P > 0.9P_n$ 范围内时，测试风电机组对系统频率快速变化的响应特性，测试内容见表 1-7。

表 1-7 风电机组惯量响应特性测试内容

序号	频率设定值（Hz）	频率变化率（Hz/s）	频率变化波形
1	48	0.1	
2		0.5	
3	51.5	0.1	
4		0.5	

惯性响应测试中，风电机组应满足以下要求：

（1）有功响应时间应不大于 500ms，最大可用有功调节量不宜小于 $10\%P_n$；

（2）功率恢复过程中，有功功率最小值（或最大值）与频率变化前有功功率之差不宜大于 $5\%P_n$；

（3）功率控制误差不应超过 $\pm 2\%P_n$，频率变化时惯量响应如图 1-11 所示。

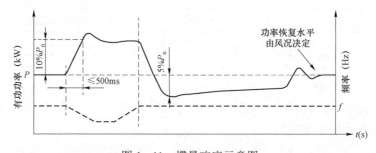

图 1-11 惯量响应示意图

风电机组运行在限功率调频工况且有功出力大于 $20\%P_n$ 时，当测试点的频率偏差超过阈值（推荐 ± 0.2Hz），风电机组应能参与系统调频，支撑系统功率恢复：

（1）当系统频率下降时，风电机组应根据调频曲线快速增加有功输出，增加至目标值或有功上限（最大技术出力）。

（2）当系统频率上升时，风电机组应根据调频曲线快速减小有功输出，减小至目标值或有功下限（最小技术出力）。

（3）系统频率恢复后，风电机组有功输出不应低于故障前的出力水平。

（4）机组有功功率调节控制误差不应超过±2%P_n，响应时间不应大于5s。

（5）K_i宜在5～20内，推荐K_{f1}为10，推荐K_{f2}为20，风电机组调频示例曲线如图1-12所示，其中f、K_{f1}、K_{f2}均可设置，调频特性测试内容见表1-8。

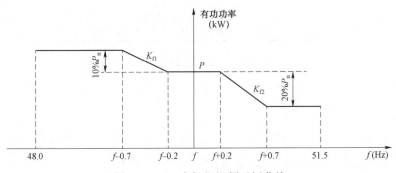

图1-12 风电机组调频示例曲线

表1-8　　　　　　　　　风电机组调频特性测试内容

序号	频率设定值（Hz）	持续时间（s）	频率变化波形
1	48.0	30	
2	48.5	30	
3	49.5	30	
4	49.9	30	
5	50.1	30	
6	50.5	30	
7	51.5	30	

风电机组惯量响应和调频应能远程与就地启用、关闭，风电场调频指令优

15

先级高于机组级频率调节指令。

对于风电场频率穿越要求，国内还没有相关标准提及，对于风电场参与一次调频和惯量响应的要求也没有明确，GB/T 19963—2011《风电场接入电力系统技术规定》仅对风电场的频率适应性做出要求：风电场应在表 1-9 所示的电力系统频率范围内按照规定运行。

表 1-9 风电场在不同电力系统频率范围内的运行规定

电力系统频率范围	要求
低于 48Hz	根据风电场内风电机组允许运行的最低频率而定
48~49.5Hz	每次低于 49.5Hz 时要求风电场具有至少运行 30min 的能力
49.5~50.2Hz	连续运行
高于 50.2Hz	每次频率高于 50.2Hz 时，要求风电场具有至少运行 5min 的能力，并执行电力系统调度机构下达的降低出力切机策略，不允许停机状态的风电机组并网

南方电网公司企业标准 QCSG 1211017—2018《风电场接入电网技术规范》中不仅将频率适应性列入风电场运行条件之内，而且明确要求了风电场的一次调频功能。

（1）运行频率。风电场应至少按照表 1-9 所示的电力系统频率范围规定运行，并满足所接入电网安全稳定运行的频率范围要求。

（2）风电场一次调频。当系统频率偏差值超过 ±0.05Hz、风电场的有功出力大于 20% 额定功率时，风电场应具备调节有功输出并参与电网一次调频的能力。

风电场一次调频能力的具体要求如下：

1）当系统频率下降时，风电场应根据一次调频曲线增加有功输出，当有功调节量达到设定值时可不再继续增加，设定值可根据实际电网要求确定，最大推荐为 10% 额定功率。

2）当系统频率上升时，风电场应根据一次调频曲线减少有功输出，当有功调节量达到 20% 额定功率时可不再继续减小。

3）有功调频系数 K_f 应满足 $5 \leqslant K_f \leqslant 20$，推荐为 20，一次调频曲线如图 1-13 所示。

4）一次调频的启动时间应不大于 3s，响应时间应不大于 12s，调节时间应不大于 30s，有功功率调节控制误差不应超过 ±2% 额定功率。

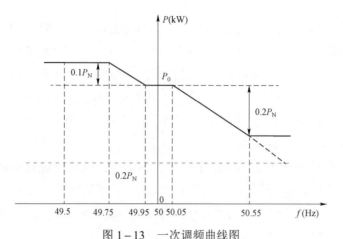

图 1-13 一次调频曲线图

注：P_0 为风电场实际运行功率，P_N 为风电场额定功率。

1.4.3 故障穿越控制方法

1. 低电压穿越控制策略

针对电网电压骤降，以背靠背变流器直流母线环节的多余能量和功率输出为控制目标，以机侧变流器和网侧变流器的 d、q 轴电流为控制手段，提出多种风电机组低电压穿越的优化控制策略。其具体措施包括将电网电压变化量引入机侧功率参考值、转矩参考值以及桨距角给定值的计算模型中，提出根据电压骤降程度或者直流母线环节能量差额来减少风机输出功率的控制策略等，这种方法的优点是无须改变风电机组励磁回路或者增加 Crowbar、Chopper 等硬件设备，可以大大降低风机的系统成本。研究人员基于最大功率跟踪控制原则（maximum power point tracing，MPPT）提出风电机组的有功控制策略，以便在风速变化的整个范围内实现风机的低电压穿越特性。但是此类方法的缺点是没有考虑到电网电压骤降程度比较深的工况下桨距角调节速度、发电机转速以及系统机械载荷的限制等问题，风电机组在这种情况下可能无法成功穿越故障。

针对电网侧对称或不对称电压跌落，以变流器 DC 环节的多余能量为控制目标，以卸荷电阻耗能控制、电网侧有功/无功电流各种解耦控制为主要手段提出了多种风电机组 LVRT 实现或优化控制方案[1]。近年来，随着储能系统的广

---

[1] 任永峰，胡宏彬，薛宇，等. 基于卸荷电路和无功优先控制的永磁同步风力发电机组低电压穿越研究. 高电压技术，42（01）：11-18.

泛应用，研究学者提出依靠电池或者超级电容等储能设备来吸收/释放风机系统的不平衡能量，以此提高风电机组或者风电场的低电压穿越能力的控制方案。也有学者提出了考虑风电机组正常运行模式和电网电压骤降两种工作模式的电压调节策略，基于模型预测控制优化无功输出，保证风电场内所有风机的端电压在规范允许范围之内，同时降低整个风电系统的损耗。

2. 高电压穿越控制策略

电网电压升高导致定子绕组中产生的瞬态直流磁链分量比电网电压骤降时更高，因此与 LVRT 过程相比，HVRT 过程中易产生更严重的定转子过电流、过电压和转矩震荡等问题。当前常见的高电压穿越控制策略主要包括增加硬件保护和软件控制策略两个方面。

（1）增加硬件设备方面：可以增加 Chopper 保护电路来消耗多余的能量，保证直流链路的电压稳定；也可以通过适当投入 Crowbar 电路来提升风机的高电压穿越能力；通过加入静止无功发生器、静止无功补偿器、动态电压恢复器等设备来柔性地吸收由于高电压穿越引起的多余能量。

（2）软件控制策略方面：增加虚拟电阻或虚拟阻抗可以降低转子过电流和过电压，提升风电机组的高电压穿越性能。有学者提出了一种基于风电机组网侧变流器无功电流控制、正负序电流控制和 Chopper 保护电流协调控制的高电压穿越控制策略，通过分析网侧变流器的最大短路电流能力，建立了电网电压骤升时网侧变流器的可控区域，并提出了基于实际测量值的直流母线电压参考值的自适应调整算法和对应的高电压穿越控制策略❶。

随着电池储能、超级电容储能系统、飞轮储能、超导磁储能系统等储能技术的发展，结合储能系统与软控制策略的高电压穿越控制方案开始逐渐被提出❷。有学者提出了基于模型预测控制（model predictive control，MPC）的 DFIG 风电机组协调控制策略，该风机装设有分布式电容储能系统。针对电网电压骤升的不同程度，通过协调控制风机和超级电容储能系统的有功输出，可以最大化利用风机自身提供无功电流补偿，同时对于电网电压骤升程度较高的工况，利用超级电容储能系统可以有效控制直流母线过电压，保证风机的不

❶ 郑重，耿华，杨耕. 新能源发电系统并网逆变器的高电压穿越控制策略. 中国电机工程学报，2015，35（006）：1463-1472.

❷ S. Huang, et al. Optimal active power control based on MPC for DFIG-based wind farm equipped with distributed energy storage systems. International Journal of Electrical Power & Energy Systems，2019，113：154-163.

间断和稳定运行。

3. 工程实用方法

当前实际工程大都采用增加 Crowbar 或者 Chopper 保护电路的方法来抑制转子侧过电流和直流母线过电压，从而提高风力发电机的高、低电压穿越能力。

一般实际工程应用中在中间直流侧加入 Chopper 保护电路，如图 1-14 所示。系统正常运行模式时，Chopper 保护电路不投入工作；当电网电压骤降/骤升时，Chopper 保护电路投入。通过卸荷电阻消耗掉直流环节多余的能量，避免直流母线过电压或过电流导致直流侧电容或变流器电力电子设备损坏。由于其可靠性和成本都较符合工业应用的需要，因而应用最为广泛。

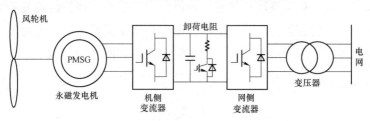

图 1-14 直流侧加入卸荷电阻

一般实际工程应用中在转子侧加入 Crowbar 保护电路，如图 1-15 所示。系统正常运行模式时，Crowbar 保护电路不投入工作；当电网电压骤降/骤升时，Crowbar 保护电路投入，使转子侧变换器被短接，此时双馈发电机组变化异步发电机运行，通过撬棒电阻消耗掉多余的能量，避免转子侧过电流导致变流器电力电子设备损坏。

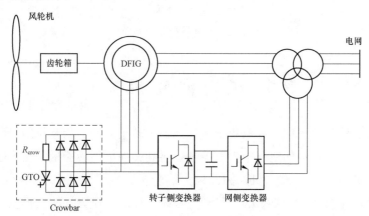

图 1-15 转子侧加入 Crowbar 保护电路

《 第2章

双馈风电机组建模与特性分析

双馈风力发电机是绕线转子感应电机，定子绕组直接连接到三相电网，转子绕组通过背靠背变流器连接到电网。由背靠背变流器的控制实现风机在电网稳态和瞬态条件下的运行。双馈发电系统示意图如图2-1所示。

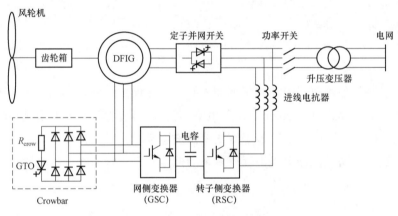

图2-1　双馈发电系统示意图

2.1　风力涡轮机模块

风力涡轮机的机械功率取决于风和涡轮机转子之间的相互作用。风力涡轮机转子的叶片从运动的空气中提取能量，将其转换成旋转能量，然后通过机械驱动单元将其输送到发电机，因此风力涡轮机决定了双馈风电机组的输出功率。风力涡轮机转子是复杂的空气动力系统，标准的风力涡轮机模型需考虑的因素很多且比较复杂，在研究风力发电机的电磁特性时，采用简化的风力涡轮

机模型，可以表征风速和能量之间的关系，如下

$$P_{\mathrm{w}} = 0.5\rho\pi l^2 C_{\mathrm{P}} v^3 \qquad (2-1)$$

式中：P_{w} 为风力涡轮机转子的机械功率，W；ρ 为空气密度，一般取 1.225kg/m³；l 为风力涡轮机半径，m；v 为风速，m/s；C_{P} 为风力涡轮机叶片的桨距角 β 和叶尖速比 λ 的函数，由下式得到

$$\begin{cases} C_{\mathrm{P}} = 0.517\,6\left(\dfrac{116}{\lambda_j} - 0.4\beta - 5\right)\mathrm{e}^{\frac{-21}{\lambda_j}} + 0.006\,8\lambda \\[2mm] \dfrac{1}{\lambda_j} = \dfrac{1}{\lambda + 0.08\beta} - \dfrac{0.035}{\beta^3 + 1} \\[2mm] \lambda = \dfrac{\omega_{\mathrm{w}} l}{v} \end{cases} \qquad (2-2)$$

式中：ω_{w} 为风力涡轮机转子角速度；λ 为叶尖速比，是叶尖速度和风速的比值。

结合式（2-1）和式（2-2），当风速确定时，能求解出一个数值 λ 使得风力涡轮机的 C_{P} 最大，此时从风中提取的功率最大。当风速发生变化时，控制风力涡轮机转子速度跟随最佳的 λ 数值，可实现风力涡轮机在最大的风能情况下跟踪运行，也就是说双馈风力发电机可以在很宽的风速范围内变速运行实现最大功率输出。最大功率输出表达式如下

$$P_{\mathrm{op}} = K_{\mathrm{op}}\omega_{\mathrm{w}}^3 \qquad (2-3)$$

由式（2-3），可知风力涡轮机输出转矩为

$$T_{\mathrm{w}} = \frac{P_{\mathrm{w}}}{\omega_{\mathrm{w}}} = \frac{0.5\rho\pi l^2 C_{\mathrm{P}} v^3}{\omega_{\mathrm{w}}} \qquad (2-4)$$

PSCAD 平台提供了完整的风力涡轮机模型，仅需要对其机械传动部分进行建模，如图 2-2 为风力涡轮机机械部分控制框图。

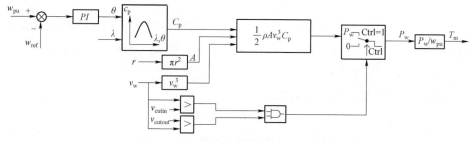

图 2-2　风力涡轮机机械部分控制框图

2.2　转子侧变流器控制模块

转子侧变流器主要对双馈感应发电机输出的有功功率和无功功率进行控制。利用双闭环的控制方案，由基于矢量定向策略的一个快速的电流内环和一个外部的功率环组成。转子变流器控制器采用基于定子磁通矢量定向控制转子电流，具体方法是让 dq 坐标系中的 d 轴方向与定子磁链 ψ_s 位置方向一致，以这种方式获得定子侧有功功率和无功功率的解耦控制，定子侧有功功率由转子电流的 q 轴分量决定，而定子侧无功功率由转子电流的 d 轴分量决定。

在 $\alpha\beta$ 坐标系中的定子磁链的表达式为

$$\begin{cases} \psi_{s\alpha} = \int (u_{s\alpha} - R_s i_{s\alpha})\,\mathrm{d}t \\ \psi_{s\beta} = \int (u_{s\beta} - R_s i_{s\beta})\,\mathrm{d}t \end{cases} \tag{2-5}$$

根据上式，可以计算出定子磁链位置角 θ_1

$$\theta_1 = \int \omega_1 \mathrm{d}t = \arctan\left(\frac{\psi_{s\beta}}{\psi_{s\alpha}}\right) \tag{2-6}$$

转子侧变流器定子磁链定向矢量图如图 2-3 所示，定子磁链矢量位置对准 dq 参考系的 d 轴，有 ψ_{sq} 为 0。

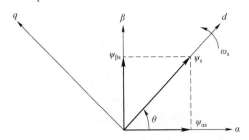

图 2-3　转子侧变流器定子磁链定向矢量图

由于定子直接连接到电网，并且定子电阻的影响很小，因此可以认为定子磁通是恒定的。考虑到这一点，双馈感应发电机在 dq 坐标系下定子电压和定子磁链方程可以写成下列形式。

dq 坐标系下定子电压方程为

$$\begin{cases} u_{sd} = 0 \\ u_{sq} = u_s = \omega_1 \psi_{sd} \end{cases} \tag{2-7}$$

dq 坐标系下定子磁链方程为

$$\begin{cases} \psi_{sd} = \psi_s = L_s i_{sd} + L_m i_{rd} \\ \psi_{sq} = L_s i_{sq} + L_m i_{rq} = 0 \end{cases} \tag{2-8}$$

求解式（2-8）得

$$\begin{cases} i_{sd} = \dfrac{\psi_s}{L_s} - \dfrac{L_m}{L_s} i_{rd} \\ i_{sq} = \dfrac{-L_m}{L_s} i_{rq} \end{cases} \tag{2-9}$$

定子侧的有功功率 P_s 和无功功率 Q_s 如下式

$$\begin{cases} P_s = \dfrac{3}{2}(u_{sd} i_{sd} + u_{sq} i_{sq}) \\ Q_s = \dfrac{3}{2}(u_{sd} i_{sd} - u_{sq} i_{sq}) \end{cases} \tag{2-10}$$

将式（2-9）代入到式（2-10）可得

$$\begin{cases} P_s = \dfrac{3}{2} u_{sq} i_{sq} = -\dfrac{3 L_m}{2 L_s} u_{sq} i_{rq} \\ Q_s = \dfrac{3}{2} u_{sq} i_{sd} = \dfrac{3}{2} u_{sq} \left(\dfrac{u_{sq}}{\omega_1 L_s} - \dfrac{L_m}{L_s} i_{rd} \right) \end{cases} \tag{2-11}$$

可得转子电压方程为

$$\begin{cases} u_{rd} = R_r i_{rd} + \sigma L_r \dfrac{d i_{rd}}{dt} - s\omega_s \sigma L_r i_{rq} \\ u_{rq} = R_r i_{rq} + \sigma L_r \dfrac{d i_{rq}}{dt} + s\omega_s \left(\dfrac{L_m}{L_s} \psi_s + \sigma L_r i_{rd} \right) \end{cases} \tag{2-12}$$

其控制方程为

$$\begin{cases} u_{rd} = u'_{rd} + \Delta U_{rd} \\ u_{rq} = u'_{rq} + \Delta u_{rq} \end{cases} \tag{2-13}$$

其中

$$\begin{cases} u'_{rd} = r_r i_{rd} + \sigma L_r \dfrac{d i_{rd}}{dt} \\ u'_{rq} = r_r i_{rq} + \sigma L_r \dfrac{d i_{rq}}{dt} \end{cases} \tag{2-14}$$

$$\begin{cases} \Delta u_{rd} = -s\omega_s \sigma L_r i_{rq} \\ \Delta u_{rq} = s\omega_s \left(\dfrac{L_m}{L_s} \psi_s + \sigma L_r i_{rd} \right) \end{cases} \qquad (2-15)$$

其中
$$\sigma = 1 - \frac{L_m^2}{L_s L_r}$$

在转子侧变流器采用定子磁链定向控制时，由于定子电压恒定，定子侧有功功率和无功功率分别通过转子电流 i_{rq} 和 i_{rd} 控制，从而实现有功功率和无功功率的解耦控制。而转子电流 i_{rq} 和 i_{rd} 可以单独由 u_{rq} 和 u_{rd} 单独控制。转子侧变流器采用双闭环控制结构，外环控制为功率控制，内环控制为电流控制，控制框图如图 2-4 所示，转子侧控制参数见表 2-1。

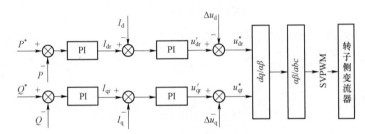

图 2-4　转子侧变流器控制框图

表 2-1　　　　　　　　　　　　转子侧变流器控制参数

参数	数值	参数说明
P	2	并网功率
K_{pP}	2	q 轴功率外环比例增益
T_{iP}	0.02	q 轴功率外环积分时间常数
K_{pd_R}	2	q 轴电流内环比例增益
T_{id_R}	0.025	q 轴电流内环积分时间常数
K_{pQ}	1	d 轴功率外环比例增益
T_{iQ}	0.05	d 轴功率外环积分时间常数
K_{pq_R}	2	d 轴电流内环比例增益
T_{iq_R}	0.01	d 轴电流内环积分时间常数

2.3　网侧变流器控制模块

网侧变流器主要是要控制直流母线电压,由级联的动态响应较快的电流内环和较慢的直流电压控制外环构成。利用网侧电压矢量定向的途径可以实现双馈电机转子和网侧功率传输的解耦控制。电网侧变流器的控制目的是将有功功率输送给电网,以防止直流电容电压波动及控制风机接入点功率因数。通过采取电压定向矢量控制法,把 dq 同步旋转坐标系 d 轴定向到电网电压矢量 U_e 方向。直流母线电压可以由流过滤波器的电流 d 轴分量控制,而网侧变流器和电网交换的无功功率可以由 q 轴分量控制。

网侧变流器的主要控制目标是保持直流母线电压的稳定、可控以及输入电流的正弦。从双 PWM 变流器电路拓扑结构可知,当交流侧输入功率大于负载消耗功率时,多余的能量会使直流母线电容电压升高;反之,电容电压会降低,即直流母线电压与变流器吸收的有功功率有关,所以,可以通过控制交流侧输入的有功功率来调节直流母线电压的大小,使其保持稳定;同理,网侧功率因数调节即控制变流器网侧的无功功率。假设电网电压大小恒定,则输入功率仅与输入电流有关。而输入电流波形是否正弦,主要与电流控制系统的性能和调制方式有关。

网侧变流器在 abc 坐标系下的表达式为

$$\begin{cases} u_{ga} = R_g i_{ga} + L_g \dfrac{\mathrm{d}}{\mathrm{d}t} i_{ga} + u_{gca} \\[2mm] u_{gb} = R_g i_{gb} + L_g \dfrac{\mathrm{d}}{\mathrm{d}t} i_{gb} + u_{gcb} \\[2mm] u_{gc} = R_g i_{gc} + L_g \dfrac{\mathrm{d}}{\mathrm{d}t} i_{gc} + u_{gcc} \end{cases} \quad (2-16)$$

对上述公式进行坐标变化,得到 dq 坐标系下的网侧电压方程组

$$\begin{cases} u_{gd} = R_g i_{gd} + L_g \dfrac{\mathrm{d}i_{gd}}{\mathrm{d}t} - \omega_1 L_g i_{gq} + u_{gcd} \\[2mm] u_{gq} = R_g i_{gq} + L_g \dfrac{\mathrm{d}i_{gq}}{\mathrm{d}t} + \omega_1 L_g i_{gd} + u_{gcq} \end{cases} \quad (2-17)$$

式中:u_{gd}、u_{gq} 分别为电网电压的 d 轴、q 轴分量;u_{gcd}、u_{gcq} 分别是网侧变流器电压的 d 轴、q 轴分量;i_{gd}、i_{gq} 分别是网侧变流器电流的 d 轴、q 轴分量。

网侧变流器与电网之间的有功功率和无功功率可以由下式给出

$$\begin{cases} P_{\mathrm{g}} = \dfrac{3}{2}(u_{\mathrm{gd}}i_{\mathrm{gd}} + u_{\mathrm{gq}}i_{\mathrm{gq}}) \\ Q_{\mathrm{g}} = \dfrac{3}{2}(u_{\mathrm{gq}}i_{\mathrm{gd}} - u_{\mathrm{gd}}i_{\mathrm{gq}}) \end{cases} \tag{2-18}$$

由于采用网侧电压定向控制，即网侧电压矢量位置对准 dq 参考系的 d 轴，u_{gq} 为 0，且 u_{gd} 幅值恒定。网侧变流器矢量定向图如图 2-5 所示。

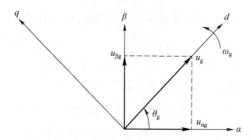

图 2-5　网侧变流器矢量定向图

网侧电压位置角 θ_{g} 可根据下式计算

$$\theta_{\mathrm{g}} \int \omega_{\mathrm{g}} \mathrm{d}t = \tan^{-1}\left(\frac{u_{\mathrm{g\beta}}}{u_{\mathrm{g\alpha}}} \right) \tag{2-19}$$

在网侧变流器采用电压定向控制的情况下，电网和网侧变流之间的有功功率和无功功率分别与 i_{gd} 和 i_{gq} 成比例。表达式如下

$$\begin{cases} P_{\mathrm{g}} = \dfrac{3}{2}u_{\mathrm{gd}}i_{\mathrm{gd}} \\ Q_{\mathrm{g}} = -\dfrac{3}{2}u_{\mathrm{gd}}i_{\mathrm{gq}} \end{cases} \tag{2-20}$$

忽略开关动作引起的谐波以及网侧变流器的损耗，得到下列方程组

$$\begin{cases} u_{\mathrm{dc}}i_{\mathrm{dcg}} = \dfrac{3}{2}u_{\mathrm{gd}}i_{\mathrm{gd}} \\ u_{\mathrm{gd}} = \dfrac{m}{2}u_{\mathrm{dc}} \end{cases} \tag{2-21}$$

$$\begin{cases} i_{\mathrm{dcg}} = \dfrac{3}{4}mi_{\mathrm{gd}} \\ C\dfrac{\mathrm{d}u_{\mathrm{dc}}}{\mathrm{d}t} = i_{\mathrm{dcg}} - i_{\mathrm{dcr}} \end{cases} \tag{2-22}$$

式中：m 为网侧变流器的调制比。

从式（2-21）可以看出，直流母线电压可以通过网侧变流器电流分量 i_{gd} 控制。i_{gd}、i_{gq} 可以分别通过 u_{gcd} 和 u_{gcq} 来控制。网侧变流器控制系统采用双闭环控制结构，外环由直流电压控制组成，内环由电流控制构成。通常设置 i_{gq} 为0，即电网和网侧变流器之间不存在无功功率流动。

网侧变流器控制系统的原理表达式如下

$$\begin{cases} r_{gcd} = -u'_{gd} + \Delta u_{gcd} \\ u_{gcq} = -u'_{gq} - \Delta u_{gcq} \end{cases} \tag{2-23}$$

其中

$$\begin{cases} u'_{gd} = R_g i_{gd} + L_g \dfrac{\mathrm{d}i_{gd}}{\mathrm{d}t} \\ u'_{gq} = R_g i_{gq} + L_g \dfrac{\mathrm{d}i_{gq}}{\mathrm{d}t} \end{cases} \tag{2-24}$$

网侧变流器的控制框图如图2-6所示。

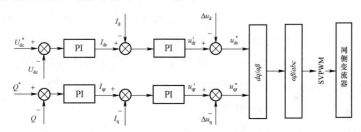

图2-6　网侧变流器的控制框图

网侧控制参数见表2-2。

表2-2　　　　　　　　　网侧变流器控制参数

参数	数值	参数说明
E_{dc_ref}	1.45	直流母线参考电压
K_{p_Q}	1	q 轴功率外环比例增益
T_{i_Q}	0.1	q 轴功率外环积分时间常数
K_{pqS}	2	q 轴电流内环比例增益
T_{iqS}	0.01	q 轴电流内环积分时间常数
K_{p_Edc}	2	d 轴功率外环比例增益
T_{i_Edc}	0.01	d 轴功率外环积分时间常数
K_{pdS}	2	d 轴电流内环比例增益
T_{idS}	0.01	d 轴电流内环积分时间常数

2.4　风　速　模　块

风速模型主要是为风力机提供模拟信号，详细的风速模型需要考虑平均速度、渐变风、阵风、随机风等多个因素的影响。风能作用于风轮机的叶片上，是风力发电机的原动力，为了准确地描述自然界风能变化的特点，在工程上一般采用简化的四分量模型来模拟风速随时间变化的特征[1]。

由于风力机具有低通滤波效应，在电力系统发生短时故障时，风速的变化对风力机的输出功率基本没有影响，在研究双馈风电机组高电压穿越时，可将风速设定为一个恒定值。

2.5　传　动　系　统　模　块

传动系统建模主要是对双馈风电机组机械部分进行轴系建模，通常将风力机的桨叶、轮毂、齿轮变速箱以及发电机等旋转部件按照不同组合等效成多质量块。目前传动系统模型主要有六质量块模型、三质量块模型、两质量块模型以及单集中质量块模型。在电网电压故障情况下分析双馈发电系统的故障特性，一般采用等效两质量块模型。

两质量块分别是风轮质量块、电机质量块。风力机的桨叶、轮毂和两者之间的转轴等效成风轮质量块，齿轮变速箱、感应发电机及其转轴等效成电机质量块。高惯性风轮质量块与低惯性电机质量块通过转动轴连接。两质量的动力学方程表示为

$$T_w - T_m = 2H\frac{dw_w}{dt} \tag{2-25}$$

$$T_m = D_m(w_w - w_g) + K_m \int (w_w - w_g)\, dt \tag{2-26}$$

$$T_m - T_g = 2H_g\frac{d\omega_g}{dt} \tag{2-27}$$

式中：T_m 为双馈感应发电机的机械转矩；T_g 为双馈感应发电机的电磁转矩；H 为风力涡轮机转子惯性常数；H_g 为双馈感应发电机转子惯性常数；K_m 和 D_m 分别为传动轴的刚度系数、阻尼系数。

---

[1] 艾斯卡尔. 直驱永磁风电机组故障穿越及控制策略研究. 华北电力大学（北京），2017.

2.6　Crowbar 保护电路

当电网发生故障时，双馈风电机组端口电压跌落，定子绕组电流增加，使得转子绕组感应电动势大幅增加，导致转子过电流。由于变流器额定功率有限，当转子电流的增长超过其限额的时候，就会损坏变流器。Crowbar 保护电路可以在电网故障时为转子过电流提供旁路，同时闭锁变流器，使其免受转子过电流的损害。

Crowbar 保护电路是一种转子回路短路保护电路，分为被动式和主动式两种。被动式 Crowbar 保护电路在电网故障时会吸收电网无功功率，使得电网电压进一步下降，从而导致电网故障进一步加深。因此，目前的双馈风电机组多使用主动式 Crowbar 保护电路。主动式 Crowbar 保护电路每个桥臂由两个串联的二极管组成，直流侧由一个 IGBT

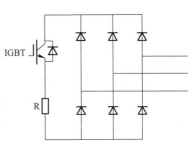

图 2-7　主动式 Crowbar 保护电路

和一个吸收电阻串联组成，拓扑结构如图 2-7 所示。

电网故障时，当转子绕组过电流值大于系统设置的给定值时，触发 IGBT 导通，Crowbar 保护电路投入为转子过电流提供旁路，同时封锁变换器触发脉冲闭锁变流器；当转子过电流值减小到系统设定的给定值以下时，触发 IGBT 关断，同时恢复变换器触发脉冲使变流器正常工作。

2.7　超级电容模块

直流母线电压稳定是维持双馈风电机组背靠背变流器正常工作的前提。电网发生高电压故障时，流经背靠背变流器的功率发生变化，必然引起直流母线电压的变化，影响变流器的正常的运行，因此抑制直流母线电压波动对实现双馈风机机组高电压穿越具有重要意义。

超级电容储能系统具有能量密度高和充电放电快的特点，可以在单位时间内吸收或释放更大的能量，且相比其他储能系统其工作温度范围宽、受外界环境影响小以及使用寿命长，因此被广泛应用于分布式发电系统中。目前，已有研究人员将超级电容储能系统应用在分布式微电网中，或是将超级电容储能系统通过静止无功补偿装置接入并网点，用以平抑电网故障时的功率波动，提高分布式发电系统在电网对称故障和非对称故障情况下的运行能力。

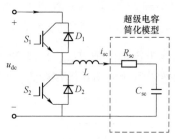

图 2-8　超级电容储能系统结构图

超级电容储能系统结构如图 2-8 所示。超级电容储能系统并联在双馈风电机组背靠背变流器直流链路上，其由三部分组成，即超级电容、滤波电感以及双向 DC-DC 转换器。在电网稳定运行状态下，双馈风电机组通过网侧变流器的稳态控制来维持直流母线电压稳定。当电网发生电压骤升故障时，利用 DC-DC 变换器来启动超级电容快速充电，吸收由电网高电压故障造成的不平衡功率，使直流母线电压维持稳定。

通过控制双向 DC-DC 变换器可控元件的导通与断开来实现超级电容的充电过程启动控制。在电网发生高电压故障时，实时检测直流母线电压，当其超过直流母线电压阈值时，双向 DC-DC 变换器可控元件动作，启动超级电容，吸收直流母线上的不平衡功率，因此超级电容启动采用双闭环串级控制。外环是电压控制环，追踪直流链路电压；内环是电流控制环，快速跟踪超级电容电流指令，提高控制系统的响应速度。超级电容启动控制框图如图 2-9 所示。

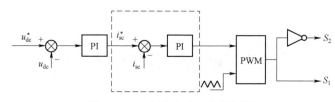

图 2-9　超级电容启动控制框图

图 2-9 中，u_{dc}^* 为直流链路参考电压，u_{dc} 为直流链路实际电压，i_{sc}^* 为超级电容参考电流，i_{sc} 为超级电容实际电流。电压外环将给定值 u_{dc}^* 与检测值 u_{dc} 相减，所得反馈信号通过 PI 调节得到电流内环的给定信号 i_{sc}^*，再将 i_{sc}^* 与实际电流 i_{sc} 相减，将 PI 控制器的输出信号经过 PWM 调制后得到可控开关 S_1、S_2 的控制信号，从而控制超级电容器的工作状态。

2.8　高低电压穿越模块

高低电压穿越模块主要包括线电压测量和比较模块、启动判定模块、无功电流计算模块、无功电流选择模块。

三相相电压通过线电压测量及比较模块得到线电压最大值 $U_{\max}$ 和最小值 $U_{\min}$，然后将 $U_{\max}$ 和 $U_{\min}$ 分别与高低电压穿越设定值 1.1 和 0.9 进行比较，如果 $U_{\max}$ 大于 1.1 则启动高电压穿越；如果 $U_{\min}$ 小于 0.9 则启动低电压穿越；否则，系统处于正常运行状态。通过无功电流计算模块，可以得到高低电压穿越和正常运行时需要提供的无功电流值，再得到启动判定模块输出的结果，就可以通过无功电流选择模块得到最终所需要提供的无功电流值。

2.8.1　线电压测量模块

线电压测量模块的主要功能是实时监测线电压的最大及最小值，具体的控制框图如图 2-10 所示。

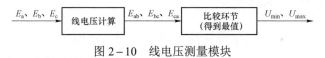

图 2-10　线电压测量模块

2.8.2　启动判定模块

启动判定模块的主要功能是判定是否进行高/低电压穿越，当网侧电压高于或低于额定值时，分别采取低/高电压穿越控制策略，具体的高低电压穿越启动判定框图如图 2-11 所示。

图 2-11　高低电压穿越启动判定框图

2.8.3　无功电流计算模块

无功电流计算模块的主要功能是分别计算系统在低电压穿越、高电压穿越和正常运行时提供的无功电流，具体无功电流计算框图如图 2-12 所示。

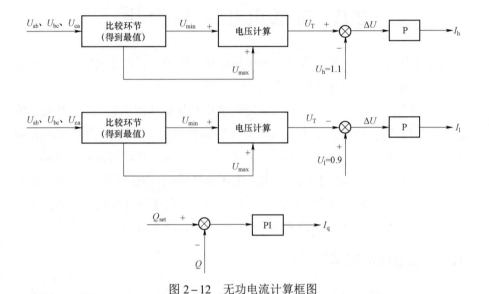

图 2-12 无功电流计算框图

2.8.4 无功电流选择模块

无功电流选择模块的主要功能是根据启动判定模块判定的情况选择对应的无功电流值，具体的故障与非故障无功电流选择逻辑如图 2-13 所示。

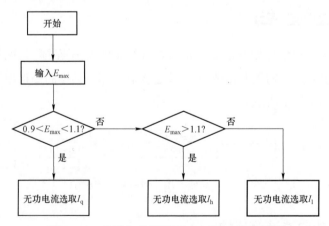

图 2-13 故障与非故障无功电流 I_{qr} 选择逻辑

高低压穿越模块的控制参数见表 2-3。

表 2-3　　　　　　　高低压穿越模块的控制参数

参数	数值	说明
S_{lope_hvrt}	5	高穿斜率 K 系数
S_{lope_lvrt}	2	低穿斜率 K 系数
L_{vrt_U}	0.9	低穿参考电压
H_{vrt_U}	1.1	高穿参考电压
Q_{ref}	0	无功参考值

2.9　高低电压穿越控制策略

（1）Crowbar 保护电路与机侧变流器协同控制策略。当电网电压发生跌落故障时，DFIG 转子侧会出现过电流现象，直流侧电容器也会因两侧功率不平衡而出现过电压现象。当转子侧电流或直流电容电压超过其最大允许值时系统保护装置会自动触发，使风力发电系统输出的无功功率迅速减小直至风力发电系统解列，进而造成更大幅度的电压跌落。为了提高风力发电系统的故障穿越能力，提出了 Crowbar 保护电路与机侧变流器的协同控制策略，进而抑制 DFIG 转子过电流和直流侧电容过电压❶。在转子侧并联，如图 2-14 所示，当电网电压发生跌落故障且转子侧发生过电流时，将 Crowbar 保护电路投入运行，消耗多余能量，将机侧变流器短路，帮助 DFIG 风力发电系统实现故障穿越。

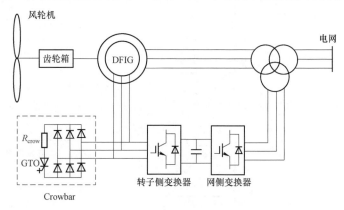

图 2-14　带 Crowbar 保护电路的 DFIG 模型

❶ 赵霞，王倩，邵彬，等. 双馈感应风力发电系统低电压穿越控制策略研究及其分析. 电力系统保护与控制，2015（16）：65-72.

（2）超级电容与网侧变流器协调控制策略。在电网发生高电压故障时，提出超级电容与网侧变流器的协同控制策略。在电网电压骤升时，网侧变流器优先发出感性无功，同时检测直流母线电压，当直流母线电压超过其限制值时，启动超级电容控制直流母线电压。而在故障过程中，若检测到网侧变流器交流侧电流 d 轴分量超过其最大有功电流时，此时网侧变流器对直流母线电压的控制效果变差，需要启动超级电容。网侧变流器控制信号根据电网电压判断，超级电容控制信号根据直流母线电压判断。

电网电压骤升故障下超级电容与网侧变流器协调控制流程图如图 2-15 所示。根据我国对风机并网的相关规范要求，认定电网电压不超过电网额定电压 1.1 倍

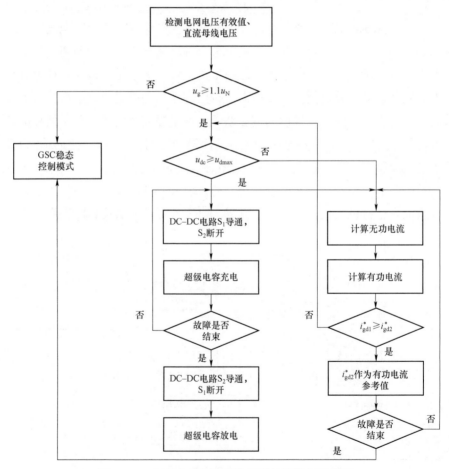

图 2-15 超级电容与网侧变流器协调控制流程图

即视为电网处于稳定运行状态，故取电网电压骤升故障判断条件为 $u_g \geqslant 1.1u_N$，同时取直流母线电压判断条件为 $u_{dc} \geqslant u_{dcmax}$。当电网电压超过 $1.1\,u_N$ 时，网侧变流器无功优先控制，补偿感性无功功率，为系统故障恢复提供无功支撑。再检测直流母线电压，当其超过最大值时，直接启动超级电容控制直流母线电压。在此过程中，若有功电流 i_{dg1}^* 超过限定值 i_{dg2}^*，则网侧变流器已不能维持直流母线电压稳定，此时也需启动超级电容吸收直流链路多余功率，避免直流母线过电压。故障结束后，通过储能检测，将超级电容储能系统已存储的能量释放到初始状态，此时直流侧电压控制切换成正常工况下网侧变流器稳态控制模式。

2.10　整机模型及验证

如图 2-16 所示，整机模型包含的模块主要有风速模型、传动系统模型、双馈风力发电机模型、变流器模型、控制模块（转子侧和网侧控制模型）及保护模块（Crowbar 保护模型）。

图 2-16　双馈风力发电系统功能模块

在 PSCAD 中，搭建 2MW 双馈风力发电机仿真模型，其中模型相关的参数见表 2-4。

表 2-4　　　　　　　　　**2MW 双馈风力发电机模型参数**

参数 Parameters	数值 Value
额定功率 Rated Power	2MW
额定电压 Rated voltage	0.9kV
额定频率 Rated Frequency	50Hz
绕组方式 Winding Configuration	三相对称绕组
电压上升时间 Voltage Rising Time	0.05s
频率 Frequency	50Hz
定转子匝数比 Stator/Rotor Turns ratio	0.391

2.10.1 稳态仿真分析

风电机组稳态测试与验证示意图见图 2-17。U_G 模拟电网，Z_G 模拟电网等效阻抗。MP_1 为风电机组并网点，测试时可以采集该点的有功功率、无功功率、电压以及电流数据。MP_2 为风电机组端口。

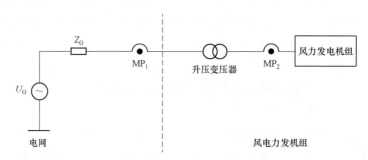

图 2-17　风电机组稳态测试与验证示意图

在风机稳态运行时，测量其并网点有功功率、无功功率、电压、电流以及直流母线电压、转子侧电流。仿真结果如图 2-18 所示。

0s 时刻机组启动，直流母线预充电开始，直流母线电压达到 1.5kV。0.2s 预充电结束，网侧开关闭合，网侧变流器进行调制控制。网侧开关闭合瞬间电网电流微有跳变，随后平稳，直流母线电压稳定在 1.45kV。0.4s 机侧并网开关闭合，机侧启动调制控制，机侧开始并网。并网开关闭合瞬间，直流母线略有超调，随后恢复。并网后电网电流正弦度很好，电流畸变率低，满足并网电流谐波要求。由图 2-18 可知，最终直流母线稳定在设定值 1.45kV，机组输出稳定有功 2MW，无功几乎为 0。

2.10.2 低电压穿越仿真分析

模型评估依据 NB/T 31053—2014《风电机组低电压穿越建模及验证方法》。模型验证考核量包括有功功率、无功功率、直流母线电压、定子电压、定子电流、转子电压以及转子电流，采用风电机组变压器低压侧数据 MP_3 点开展模型验证。风电机组低电压穿越测试与验证示意图见图 2-19。

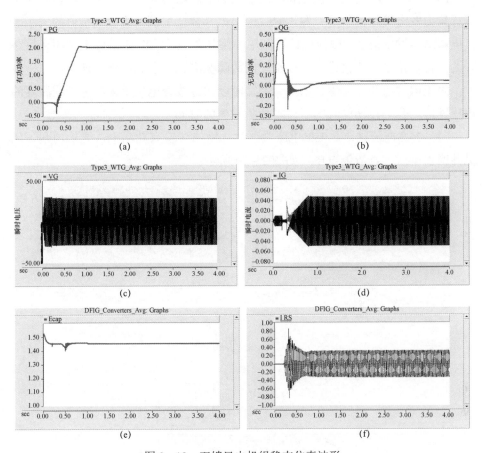

图 2-18　双馈风电机组稳态仿真波形

（a）输出有功功率；（b）输出无功功率；（c）并网点电压；（d）并网点电流；

（e）直流母线电压；（f）转子电流

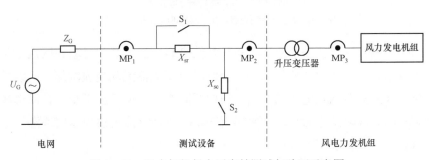

图 2-19　风电机组低电压穿越测试与验证示意图

图 2–19 中，X_{sr} 是限流电抗，用于限制电压跌落对电网及风电场内其他在运行风力发电机组的影响。测试时，应根据具体情况调整限流电抗值的大小。在电压跌落发生前后，限流电抗可利用旁路开关短接。X_{sc} 是短路电抗闭合短路开关，将短路电抗连接进来，模拟电网故障在测试点引起的电压跌落。

限流电抗值和短路电抗值均可调，可以通过改变电抗值来产生不同深度的电压跌落。开关投切的时间可模拟故障发生的时间。

（1）75%电压跌落。75%电压跌落时，网侧传输有功功率、无功功率、风机并网点电压、直流侧电压，如图 2–20 所示。

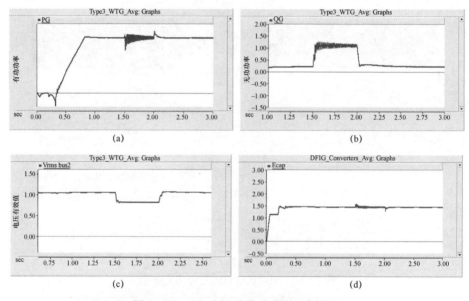

图 2–20　75%电压跌落时系统仿真波形
（a）有功功率输出曲线；（b）无功功率输出曲线；
（c）电压有效值输出曲线；（d）直流母线电压输出曲线

1.5s 时刻发生电压跌落故障，故障持续 0.5s。故障发生时刻并网点电压发生 75%跌落，低电压穿越模块启动，控制网侧变流器无功电流增加，机组发出无功功率来支撑并网点电压的升高。与此同时有功功率相应减少，直流母线电压轻微升高。故障结束后有功功率、无功功率以及直流母线电压值逐渐恢复至稳态值。

（2）50%电压跌落。50%电压跌落时，风机网侧传输有功功率、无功功率、并网点电压、直流侧电压，如图 2–21 所示。

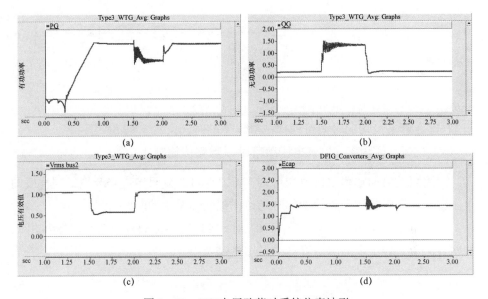

图 2－21　50%电压跌落时系统仿真波形

（a）有功功率输出曲线；（b）无功功率输出曲线；

（c）电压有效值输出曲线；（d）直流母线电压输出曲线

1.5s 时刻发生电压跌落故障，故障持续 0.5s。故障发生时刻并网点电压发生 50%跌落，低电压穿越模块启动，控制网侧变流器无功电流增加，机组发出无功功率来支撑并网点电压的升高。此时有功功率减少较 75%更多，直流母线电压升高更大。故障结束后有功功率、无功功率以及直流母线电压值逐渐恢复至稳态值。

2.10.3　高电压穿越仿真分析

模型评估依据 NB/T 31111—2017《风电机组高电压穿越测试规程》。模型验证考核量包括有功功率、无功功率、直流母线电压、定子电压、定子电流、转子电压以及转子电流，采用风电机组变压器低压侧数据 MP_3 点开展模型验证。风电机组高电压穿越测试与验证示意图见图 2－22。

图 2－22 中，Z_{sr} 为限流阻抗，用于限制电压升高对电网及风电场内其他在运行风电机组的影响。在电压升高发生前后，限流阻抗可利用旁路开关短接。Z_{sc} 为升压阻抗，R 为升压阻尼电阻，闭合升压开关，将升压阻抗和升压阻尼电阻组成的单相支路的三相或两相连接在一起，在测试点产生要求的电压升高。

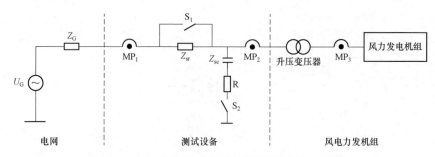

图 2-22　风电机组高电压穿越测试与验证示意图

　　限流阻抗值和短路阻抗值均可调，可以通过改变阻抗值来产生不同程度的电压骤升。精确控制开关投切的时间可模拟故障发生的时间。

　　（1）电压升高 10%。电压升高 10% 时，风机网侧传输有功功率、无功功率、并网点电压、转子电流的仿真结果见图 2-23。

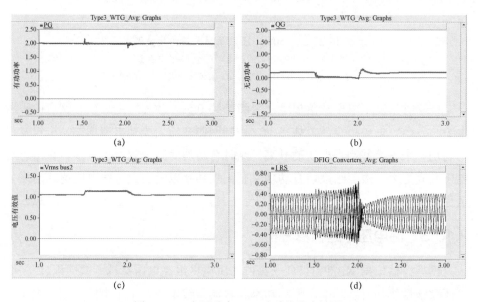

图 2-23　电压升高 10% 时系统仿真波形
（a）有功功率输出曲线；（b）无功功率输出曲线；（c）电压有效值输出曲线；（d）转子电流输出曲线

　　1.5s 时刻发生电压骤升故障，故障持续 0.5s。故障发生时刻并网点电压发生 10% 骤升，高电压穿越模块启动，控制网侧变流器无功电流减小，机组发出感性无功功率来支撑并网点电压恢复。此时有功功率略微增加，转子电流升高。故障结束后有功功率、无功功率以及直流母线电压值逐渐恢复至稳态值。

（2）电压升高 20%。电压升高 20% 时，网侧传输有功功率、无功功率、风机并网点电压、转子电流的仿真结果见图 2-24。

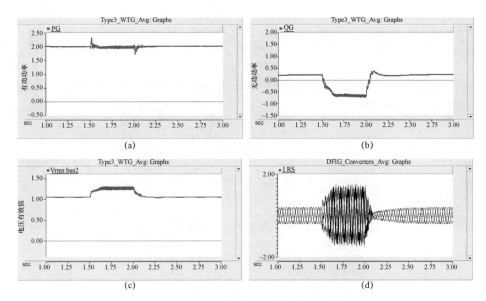

图 2-24　电压升高 20% 时系统仿真波形
（a）有功功率输出曲线；（b）无功功率输出曲线；
（c）电压有效值输出曲线；（d）转子电流输出曲线

　　1.5s 时刻发生电压骤升故障，故障持续 0.5s。故障发生时刻并网点电压发生 20% 骤升，高电压穿越模块启动，控制网侧变流器无功电流减小，机组发出感性无功功率来支撑并网点电压恢复。此时有功功率略微增加，转子电流升高较大。故障结束后有功功率、无功功率以及直流母线电压值逐渐恢复至稳态值。

　　（3）电压升高 30%。电压升高 30% 时，网侧传输有功功率、无功功率、风机并网点电压、直流侧电压的仿真结果见图 2-25。

　　由图 2-25 可知，1.5s 时刻发生电压骤升故障，故障持续 0.5s。故障发生时刻并网点电压发生 30% 骤升，高电压穿越模块启动，控制网侧变流器无功电流减小，机组发出感性无功功率来支撑并网点电压恢复。此时有功功率增加较大，转子电流升高更大。故障结束后有功功率、无功功率以及直流母线电压值逐渐恢复至稳态值。

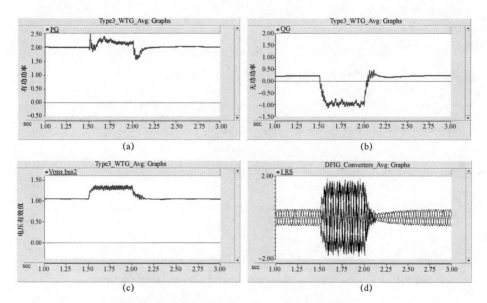

图 2-25　电压升高 30%时系统仿真波形

（a）有功功率输出曲线；（b）无功功率输出曲线；

（c）电压有效值输出曲线；（d）转子电流输出曲线

第3章 》》

永磁半直驱风电机组建模与特性分析

　　永磁半直驱风力发电系统一般由以下几部分构成：低速齿轮箱、中速永磁同步发电机和全功率变频器。与双馈风机相比，永磁半直驱风电机组由于使用低速齿轮箱，大大减少了齿轮箱的损耗和故障概率，提高了机械转换效率；与绕线式转子同步发电机相比，永磁半直驱风机由于使用中速永磁同步发电机，为风力发电提供永久性磁场，不需要多余的励磁控制系统；与直驱式发电机相比，其体积比较小，重量较轻❶。

　　永磁半直驱风力发电机组的模型主要包含以下模块：永磁同步发电机模块、控制模块（机侧和网侧控制模型）、PWM 调制模块、保护模块（Chopper 控制模型）以及负序控制和虚拟阻尼模块等，本章将详细介绍各模块的功能与建模过程，并通过仿真模型验证永磁半直驱风电机组的高低电压穿越特性。

3.1　永磁同步发电机模块

　　PSCAD5.5MW 发电机模拟为理想电流源，参数见表 3-1。

表 3-1　　　　　　　　　　PSCAD5.5MW 发电机模型参数

参数	数值	参数	数值
额定功率	5500kW	频率	50Hz
额定电压	0.69kV	基准电压	0.69kV
额定频率	50Hz	基准视在功率	100MVA
绕组方式	三相对称绕组	端电压	标幺值1（p.u.）
电压上升时间	0.05s		

---

❶ 韩金刚，陈昆明，汤天浩，等. 半直驱永磁同步风力发电系统建模与电流解耦控制研究. 电力系统保护与控制，2012（10）.

3.2 机侧变流器控制模块

机侧变流器控制目标为实现最大功率跟踪控制，采用功率外环、电流内环 PI 矢量控制。并采用零 d 轴电流（zero d-axis current，ZDC）控制，实现了定子电流对电磁转矩的线性控制，机侧变流器控制如图 3-1 所示。

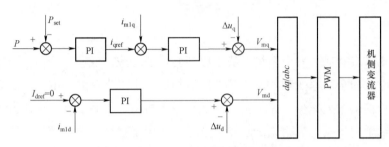

图 3-1 机侧变流器控制框图

在 PSCAD/EMTDC 中，机侧变流器控制模型如图 3-2 所示。

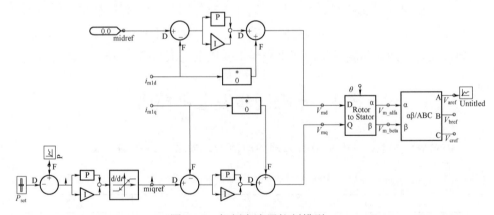

图 3-2 机侧变流器控制模型

其中，theta 为锁相角，d、q 轴电流由机侧坐标转换模块得到，如图 3-3 所示。

由图 3-1 和图 3-2 可知，机侧控制外环为功率环，通过给定功率得到电流 q 轴分量给定，控制定子 q 轴电流来达到控制发电机输出有功功率。机侧控制内环为电流环，电流环参考值与电流实际反馈值的差值经 PI 控制器后叠加前馈补偿电压得到电压控制参考量，再经坐标变换及 PWM 调制后得到机侧变流器所需的脉冲信号，进而实现机组的功率控制。

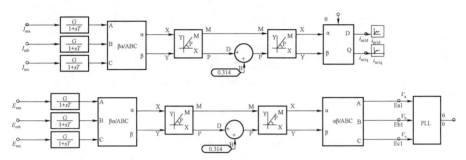

图 3-3　基于 PSCAD 机侧控制坐标转换模块

对于 5.5MW 风力发电机组，考虑其电压长期运行 0.9p.u.，0.95 功率因数，q 轴参考电流的限值为

$$\pm 5.5/（0.69 \times 1.732 \times 0.9 \times 0.95）= \pm 5.68（kA）\qquad (3-1)$$

电流内环经 PI 控制器输出的电压参考值考虑过电压等故障情况，限值为

$$\pm 1.3 \times 1.414 \times 0.69/1.732 = \pm 0.73（kV）\qquad (3-2)$$

机侧控制器的主要参数见表 3-2。

表 3-2　机　侧　控　制　器　参　数

参数	数值	参数说明
P	5.5	并网功率
I_{md_p}	0.5	d 轴电流内环比例增益
I_{md_i}	0.02	d 轴电流内环积分时间常数
I_{mq_p}	0.5	q 轴电流内环比例增益
I_{mq_i}	0.01	q 轴电流内环积分时间常数

3.3　网侧变流器控制模块

网侧变流器控制目标为实现功率因数可控和保持直流母线电压恒定。为了

消除电网不平衡的影响和 LCL 滤波器产生的谐振,在此基础上加入了负序分量控制、LCL 虚拟阻尼模块,网侧变流器的控制框图如图 3-4 所示。

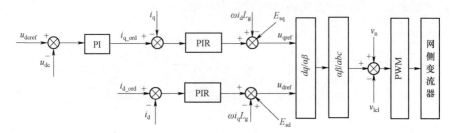

图 3-4　网侧变流器控制框图

在 PSCAD/EMTDC 中,网侧变流器控制模型如图 3-5 所示。

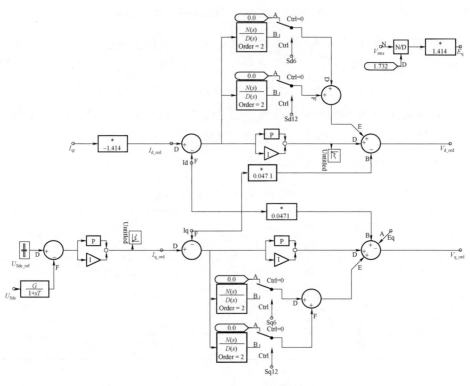

图 3-5　基于 PSCAD 网侧控制

θ_1 为锁相角,d、q 轴电流由网侧坐标转换模块得到,如图 3-6 所示。

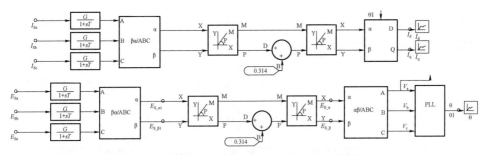

图 3−6 基于 PSCAD 网侧控制坐标转换模块

网侧控制器的主要参数如表 3−3 所示。

表 3−3 网 侧 控 制 器 参 数

参数	数值	说明
LVRT_MAX	1.5	高低电压穿越最大总电流倍数（标幺值）
I_n	5	额定输出电流值
U_{dcref}	1.05	DC 直流参考电压
U_{dc_p}	1	电压外环比例增益
U_{dc_i}	0.01	电压外环积分时间常数
I_{d_p}	1	d 轴电流内环比例增益
I_{d_i}	1	d 轴电流内环积分时间常数
I_{q_p}	0.5	q 轴电流内环比例增益
I_{q_i}	0.2	q 轴电流内环积分时间常数
S_{d6}	0	内环 R 控制网侧 d 轴 6 倍频开关
S_{d12}	0	内环 R 控制网侧 d 轴 12 倍频开关
S_{q6}	0	内环 R 控制网侧 q 轴 6 倍频开关
S_{q12}	0	内环 R 控制网侧 q 轴 12 倍频开关

由图 3−4 可知，网侧控制有两个电流内环来实现 dq 轴电流的准确控制，与一个直流电压外环，用以控制直流电压。在电压定向控制下，abc 静止坐标系下的三相线电流被转换为 dq 同步坐标系下的两相电流，分别为三相线电流中的有功分量和无功分量。对着两个分量分别进行控制，即可实现有功功率和无功功率的独立控制。

进一步研究电压定向控制策略，可将电网电压矢量定向在同步坐标系的 q

轴上，这样 q 轴电压就等于其幅值，相应地，d 轴电压就等于 0，由此可以计算得到系统的有功功率和无功功率为

$$P_{\mathrm{g}} = \frac{3}{2} u_{\mathrm{g}} i_{\mathrm{qg}}$$

（3-3）

$$Q_{\mathrm{g}} = \frac{3}{2} u_{\mathrm{g}} i_{\mathrm{dg}}$$

（3-4）

因此分别控制电网电流 dq 轴分量即可实现有功、无功功率的解耦控制。网侧控制采用电压外环、电流内环的双闭环结构，可根据参考值使电机发出指定无功提供无功补偿，进而确定电网电流 d 轴分量参考。在不考虑损耗的情况下，网侧输出功率与直流母线电压也有关系，因此可通过控制直流母线间接达到控制有功功率的目的。直流母线电压参考值与实测母线电压比较后经 PI 控制器输出电网电流 q 轴分量参考，从而控制直流母线电压的稳定。

3.4 PWM 调制模块

PWM 控制技术一般采用调制法，通过信号波的调制得到所期望的 PWM 波形，图 3-7 为三相桥式 PWM 控制框图，a、b、c 三相调制信号分别为 U_{aref}、U_{bref}、U_{cref}，相位依次相差 120°，它们共用一个载波 U_{z}。

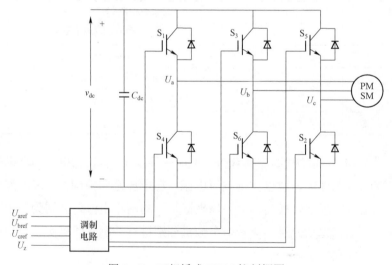

图 3-7 三相桥式 PWM 控制框图

在 PSCAD/EMTDC 中，PWM 调制模型如图 3 - 8 所示。

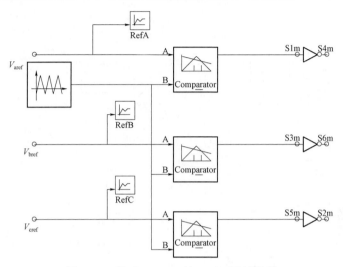

图 3 - 8　基于 PSCAD 的 PWM 调制模型

PWM 调制参数见表 3 - 4。

表 3 - 4　　　　　　　　　　PWM 调 制 参 数

参数	数值
载波频率	2500
三角载波	Triangle

3.5　负 序 控 制 模 块

电网电压不平衡产生的直流母线 100Hz 电压波纹及产生的无功导致 PMW 工作性能下降。为解决电压不平衡带来的影响，负序电流需与正序电流被同时控制。在负序同步参考坐标中，负序电流为直流成分，正序电流表为 100Hz 成分；正序同步参考坐标中，负序电流表为 100Hz 成分，正序电流变为直流成分。通过加入二倍频陷波器，可在各坐标系中将正、负序电流分离，通过 PIR 控制器实现正负序电流的独立控制❶。

---

❶ 姚骏，陈西寅，廖勇，等. 控制负序和谐波电流的永磁直驱风电系统并网控制策略. 电网技术，2011，035（007）：29 - 35.

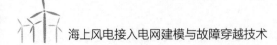

电压及电流负序分量提取模块如图 3-9 所示。

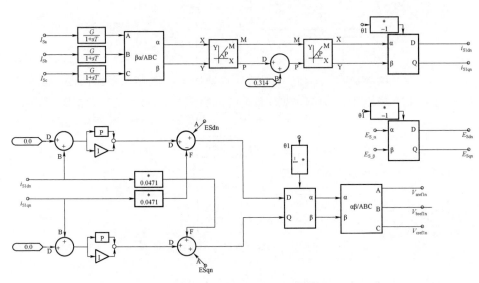

图 3-9　负序分量提取模块

产生的负序控制补偿电压分量被叠加于最终 *abc* 坐标系参考电压，如图 3-10 所示。

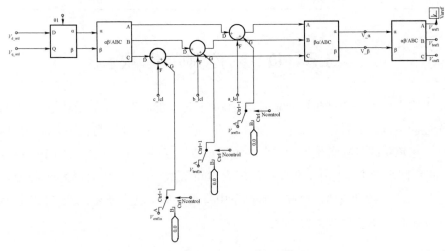

图 3-10　负序控制补偿电压反馈

根据工程最佳用法，陷波器参数选值为 Gain＝1，阻尼率＝0.707，
f＝100Hz。

3.6　虚拟阻尼模块

LCL 型并网变流器对高频谐波衰减效果显著，但存在谐振问题，谐振时
变流器处于不稳定工作状态。为提高系统的鲁棒性，加入 LCL 虚拟阻尼模块，
采用电容电流即时采样方法，减少电容电流反馈有源阻尼的延时控制，使其
更接近与滤波电容并联电阻的特性[1]。LCL 型并网变流器及其控制如图 3－11
所示。

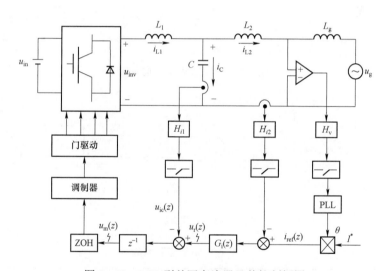

图 3－11　LCL 型并网变流器及其控制框图

在 PSCAD/EMTDC 中，LCL 虚拟阻尼模型如图 3－12 所示。

LCL 电压反馈分量被叠加于最终 *abc* 坐标系参考电压，如图 3－13
所示。

LCL 虚拟阻尼控制参数见表 3－5。

---

[1] 潘冬华，阮新波，王学华，等. 提高 LCL 型并网逆变器鲁棒性的电容电流即时反馈有源阻尼方法. 中国
电机工程学报，2013，3（108）：1－10.

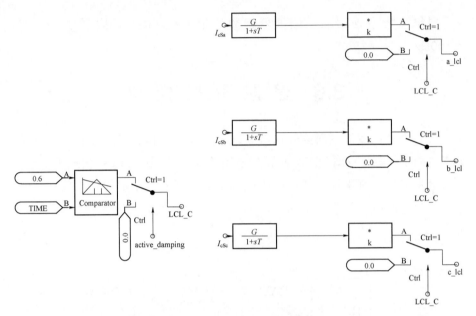

图 3-12　LCL 虚拟阻尼模块

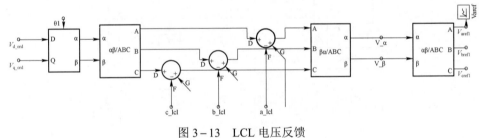

图 3-13　LCL 电压反馈

表 3-5　　　　　　　　　　LCL 虚拟阻尼控制参数

参数	数值
虚拟阻尼开关	1
虚拟阻尼系数	0.02

3.7　高低电压穿越模块

通过判断瞬时电压大小，分别启动高低电压穿越，如图 3-14 所示。

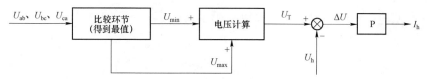

图 3-14　高电压穿越的控制框图

低电压穿越的控制如图 3-15 所示。

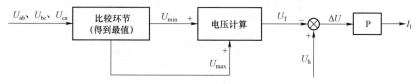

图 3-15　低电压穿越的控制框图

正常运行的控制框图如图 3-16 所示。

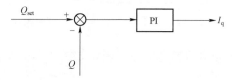

图 3-16　正常运行的控制框图

高低电压穿越模块中，实时监测线电压的最大及最小值，对应模块如图 3-17 所示。当网侧电压低于或高于额定值，采取低/高电压穿越控制策略，d 轴参考电流根据无功电流计算公式得出，用于网侧变流器电流内环 d 轴输入，提供无功支持。

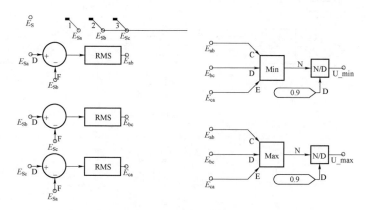

图 3-17　线电压测量模块

高低电压穿越的启动判定模块如图 3－18 所示。

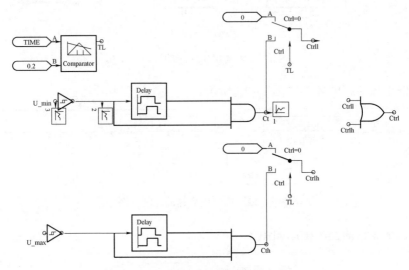

图 3－18　高低电压穿越的启动判定模块

高低电压穿越无功电流参考值计算模块如图 3－19 所示。

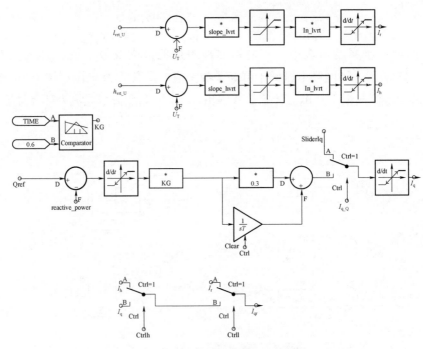

图 3－19　无功电流参考值计算模块

由图 3-19 可得，I_r，I_h 分别为低压穿越和高压穿越所提供的无功电流补偿值，I_q 为正常工作条件通过给定的无功功率参考值与测得的无功功率反馈值比较后，经 PI 调节器输出的无功电流参考值。

高低压穿越模块的控制参数见表 3-6。

表 3-6　　　　　　　　高低压穿越模块的控制参数

参数	数值	说明
LVRT_IqMAX	1.35	高低穿最大 q 轴电流倍数
Slope_hvrt	3	高穿斜率 K 系数
Slope_lvrt	5	低穿斜率 K 系数
Lvrt_U	0.9	高穿参考电压
Hvrt_U	1.1	低穿参考电压
Q_{ref}	0	无功参考值
I_{q_Q}	1	无功电流选择开关

3.8　Chopper 保护模块

在直流侧增加 Chopper 电阻，当电压跌落或升高发生时直流侧输入、输出功率不平衡，直流侧电压将上升或下降，会损坏直流母线电容，此时投入 Chopper 电阻消耗直流侧多余的能量保持电容电压稳定在一定范围内，Chopper 保护模块如图 3-20 所示。

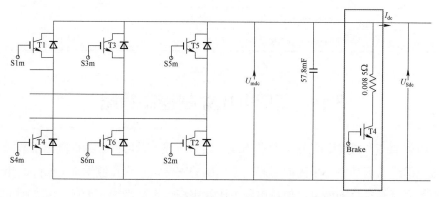

图 3-20　Chopper 保护模块

Chopper 电路控制模式有 brake1 和 brake2 两种保护模式可选。模式一，brake1 Chopper 保护电路开关控制为通过测量直流电压值与直流母线电压参考值比较判断 Chopper 投入；根据 Chopper 投入/切出对应的直流母线电压表，见表 3－7，高穿时 Chopper 在母线 1250V 投入、1130V 切出，低穿时 Chopper 在母线电压 1200V 投入、1080V 切出。模式二，brake2 Chopper 保护电路为 PI 控制器控制 Chopper 的控制电压，电压高于 1250V 或低于 1130V 时 Chopper 受控投入。具体的 Chopper 电路控制模块如图 3－21 所示。

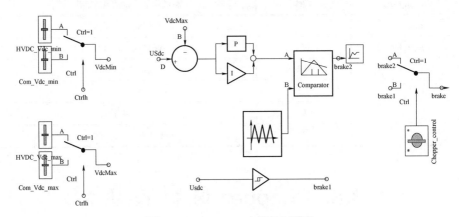

图 3－21　Chopper 电路控制模块

表 3－7　　　　　　　　Chopper 投入电压参数

参数	数值
HVRT Chopper 切出电压	1.2
LVRT Chopper 切出电压	1.08
HVRT Chopper 投入电压	1.25
LVRT Chopper 投入电压	1.13

3.9　高低电压穿越控制策略

（1）直流母线侧卸荷电阻优化方案。当系统发生故障时，为抑制由于故障导致直流母线两侧功率不平衡而引起直流电压的突升，在直流侧增加 Chopper 电阻以消耗直流侧多余的能量，保持电容电压稳定在一定范围内，如图 3－22 所示。

其中，电阻 R 通过 IGBT 开关并联到电容两端，将直流侧电压实际值与给定值 U_{dcref} 进行比较，其差值经过 PI 调节得到功率器件 IGBT 的导通占空比，进而控制 Chopper 电阻的接入与退出，从而实现：当系统发生故障，直流侧电压偏离给定值时，控制 Chopper

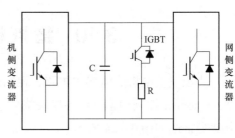

图 3 – 22　直流侧卸荷电阻控制方案图

电阻投入运行，消耗直流母线多余的能量，进而起到快速稳定母线电压的作用。

（2）网侧无功补偿综合协调方案。当电网发生电压跌落或电压升高时，通过使电网侧变流器运行在 STATCOM 模式，快速向电网提供无功功率或者吸收无功功率，稳定电网电压，同时可以提高风电机组的高低电压穿越能力[1]。故障条件下电网侧变流器的控制策略框图如图 3 – 23 所示。

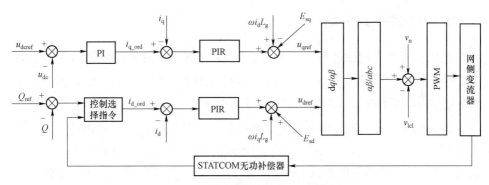

图 3 – 23　机组网侧无功补偿方案

当系统正常运行时，其并网点电压标在正常波动范围（0.9～1.1p.u.）内，此时网侧变流器工作于单位功率因数控制模式，通过功率外环得到无功电流给定值；而当系统发生故障时，其并网点电压低于 0.9p.u.或高于 1.1p.u.时，此时网侧变流器将切换到 STATCOM 运行模式，向电网提供或吸收无功功率，同时控制 Chopper 电阻投入运行，保证直流侧母线电压的稳定。

❶ 徐海亮，章玮，陈建生，等. 考虑动态无功支持的双馈风电机组高电压穿越控制策略. 中国电机工程学报，2013，33（36）：112 – 119＋16.

3.10　整机模型及验证

将上述发电机变流器主电路、控制模块（机侧和网侧控制模型）及保护模块（Chopper 控制模型）等各模块整合起来，即组成永磁半直驱风力发电系统，其典型框图如图 3－24 所示。

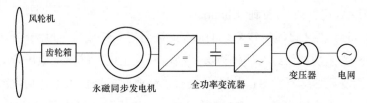

图 3－24　永磁半直驱风力发电系统的典型框图

在 PSCAD 中，搭建 5.5MW 风电机组主回路模型如图 3－25 所示。

3.10.1　稳态仿真分析

风电机组稳态测试与验证示意图如图 2－17 所示。在风机稳态运行时，测量其并网点有功功率、无功功率、并网点电压以及直流母线电压。分别考虑风电机组不同有功出力以及不同功率因数情况下的仿真特性曲线。

图 3－26 是正常运行时系统的仿真波形。由图（a）中可以看出网侧线电压一直维持在额定值运行；由图（b）中可以看出正常运行时直流侧电压一直维持在设定值 1.05kV；由图（c）、（d）可以看出风电机组运行于最大功率跟踪状态，实现有功单位功率因数传输。

图 3－27 是稳态时风电机组有功出力 30%系统的仿真波形。由图（a）中可以看出网侧线电压一直维持在额定值运行；由图（b）中可以看出正常运行时直流侧电压一直维持在设定值 1.05kV；由图（c）、（d）可以看出风电机组运行于有功功率输出为最大功率跟踪状态的 30%。

图 3－28 是风电机组功率因数为 0.9 的系统仿真波形。由图（a）中可以看出，网侧线电压一直维持在额定值运行；由图（b）中可以看出，正常运行时直流侧电压一直维持在设定值 1.05kV；由图（c）、（d）可以看出，风电机组运行于最大功率跟踪状态，实现功率因数为 0.9 的功率传输。

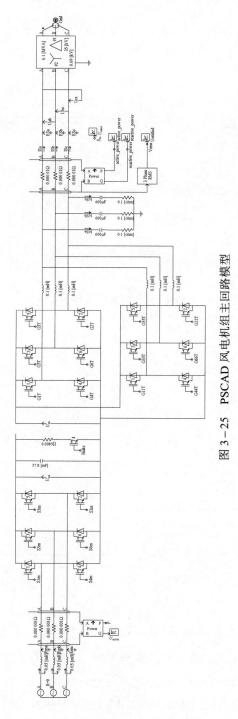

图 3 - 25　PSCAD 风电机组主回路模型

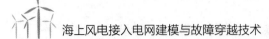

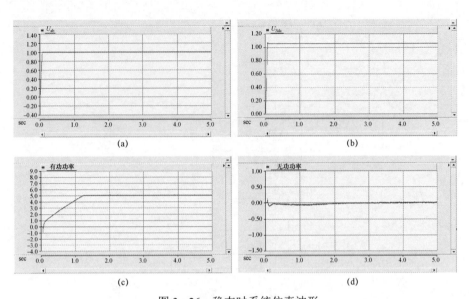

图 3-26 稳态时系统仿真波形
（a）并网点电压标幺值；（b）直流侧电压；（c）输出有功功率；（d）输出无功功率

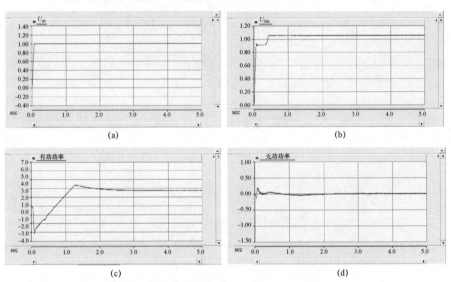

图 3-27 稳态时风电机组有功出力 30%系统仿真波形
（a）并网点电压标幺值；（b）直流侧电压；（c）输出有功功率；（d）输出无功功率

图 3-29 是风电机组功率因数为 0.95 系统的仿真波形。由图（a）中可以看出，网侧线电压一直维持在额定值运行；由图（b）中可以看出，正常运行时直流侧电压一直维持在设定值 1.05kV；由图（c）、（d）可以看出，风电机组运行于最大功率跟踪状态，实现功率因数为 0.95 的功率传输。

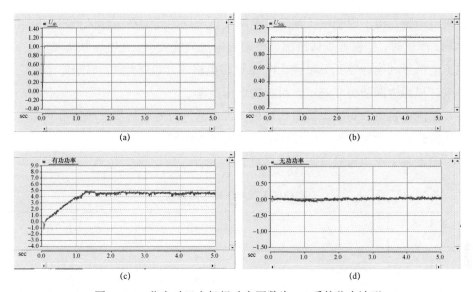

图 3-28 稳态时风电机组功率因数为 0.9 系统仿真波形

（a）并网点电压标幺值；（b）直流侧电压；（c）输出有功功率；（d）输出无功功率

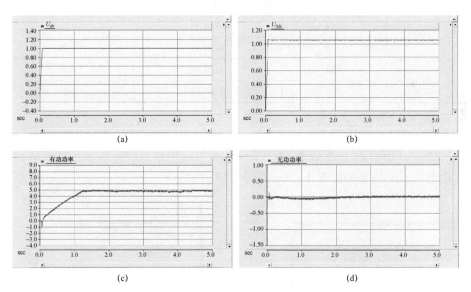

图 3-29 稳态时风电机组功率因数为 0.95 系统仿真波形

（a）并网点电压标幺值；（b）直流侧电压；（c）并网点电压标幺值；（d）直流侧电压

3.10.2 低电压穿越仿真分析

风电机组低电压穿越测试与验证示意图如图 2-19 所示。图 2-19 中，X_{sr}

是限流电抗，用于限制电压跌落对电网及风电场内其他在运行风力发电机组的影响。测试时，应根据具体情况调整限流电抗值的大小。在电压跌落发生前后，限流电抗可利用旁路开关短接。X_{sc} 是短路电抗闭合短路开关，将短路电抗连接进来，模拟电网故障在测试点引起的电压跌落。

限流电抗值和短路电抗值均可调，可以通过改变电抗值来产生不同深度的电压跌落。开关投切的时间可模拟故障发生的时间。

模拟各工况电压跌落阻抗信息见表 3-8。

表 3-8   模拟各工况电压跌落阻抗表

电压跌落深度（%）	工况	并联电抗（H）	串联电抗（H）
75	大风	0.008 5	0.01
	小风	0.008 5	0.01
50	大风	0.002 8	0.01
	小风	0.003	0.01
35	大风	0.001 95	0.01
	小风	0.001 95	0.01
20	大风	0.000 82	0.01
	小风	0.000 82	0.01

（1）20%电压跌落。

1）大功率工况。大功率 20%电压跌落时，风机并网点电压、有功功率、无功电流、无功功率如图 3-30～图 3-33 所示。

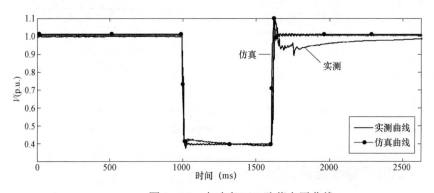

图 3-30　大功率 20%跌落电压曲线

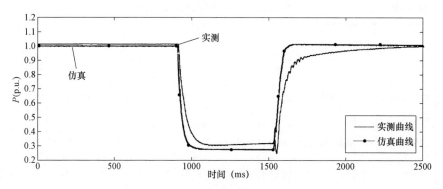

图 3 – 31　大功率 20%跌落有功功率曲线

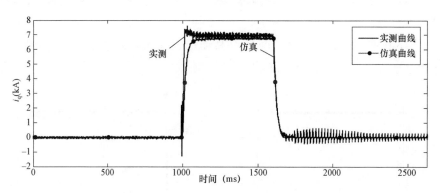

图 3 – 32　大功率 20%跌落无功电流曲线

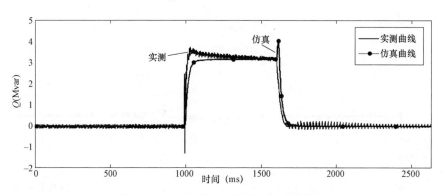

图 3 – 33　大功率 20%跌落无功功率曲线

各区数据偏差对比见表 3 – 9。

表 3-9　　　　　　　　　　大功率 20%电压跌落数据偏差表

项目	A			B					C				
	稳态			稳态			暂态		稳态			暂态	
	F1	F3	F5	F1	F3	F5	F2	F4	F1	F3	F5	F2	F4
电压	—	0.000 97	—	—	0.006 9	—	—	—	—	0.016 8	—	—	—
有功功率	0.014 4	0.014 4	0.017 7	0.036 9	0.036 9	0.079 7	0.120 9	0.120 9	0.018 1	0.018 1	0.038	0.096 4	0.099
无功电流	0.006 6	0.007 8	0.034 0	0.027 2	0.032 6	0.083 8	0.107 0	0.121 7	0.007 3	0.009 5	0.032 8	0.035 6	0.061 8
无功功率	0.006 8	0.008 1	0.035 1	0.010 8	0.013 0	0.033 3	0.048 9	0.061 2	0.007 5	0.009 7	0.033 5	0.001 2	0.032 6

　　依据数据偏差对比结果，各指标均在标准要求范围内，证明模型可准确模拟该工况。

　　2）小功率工况。小功率 20%电压跌落时，风机并网点电压、有功功率、无功电流、无功功率如图 3-34～图 3-37 所示。

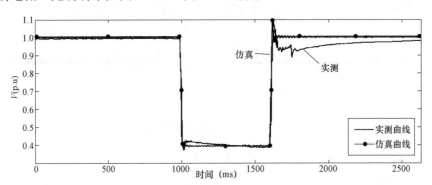

图 3-34　小功率 20%跌落电压曲线

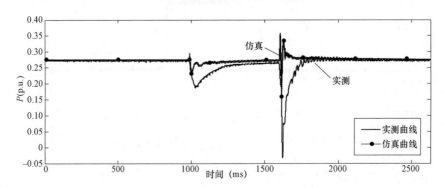

图 3-35　小功率 20%跌落有功功率曲线

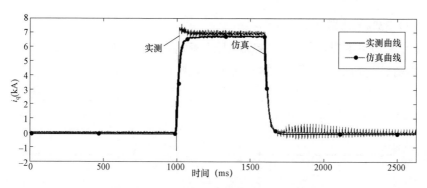

图 3-36　小功率 20%跌落无功电流曲线

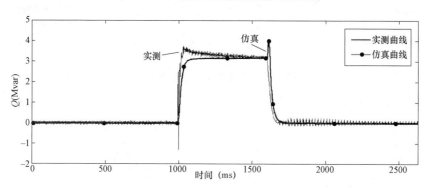

图 3-37　小功率 20%跌落无功功率曲线

各区数据偏差对比见表 3-10。

表 3-10　　　　　　　　　小功率 20%电压跌落数据偏差表

项目	A			B					C				
	稳态			稳态			暂态		稳态			暂态	
	F1	F3	F5	F1	F3	F5	F2	F4	F1	F3	F5	F2	F4
电压	—	0.007 2	—	—	0.017 7	—			—	0.047 0	—		
有功功率	3.1e-6	9.711e-4	0.004 4	0.013 0	0.013 0	0.086 2	0.036 9	0.044 2	8.489e-4	0.002 2	0.007 0	0.028 2	0.031 0
无功电流	0.002 8	0.006 6	0.023 8	0.042 3	0.043 1	0.115 2	0.180 0	0.189 4	5.777e-4	0.020 0	0.126 3	0.023 6	0.046 7
无功功率	0.003 0	0.006 9	0.025 2	0.020 8	0.022 4	0.093 5	0.080 9	0.095 7	3.766e-6	0.006 7	0.043 7	0.049 7	0.050 0

依据数据偏差对比结果，各指标均在标准要求范围内，证明模型可准确模拟该工况。

（2）35%电压跌落。

1）大功率工况。大功率 35%电压跌落时，风机并网点电压、有功功率、无功电流、无功功率如图 3－38～图 3－41 所示。

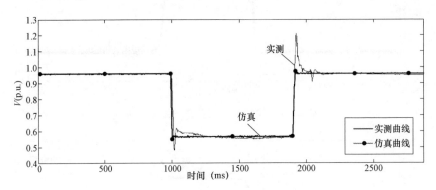

图 3－38　大功率 35%跌落电压曲线

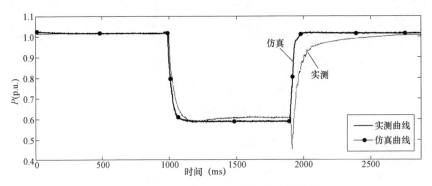

图 3－39　大功率 35%跌落有功功率曲线

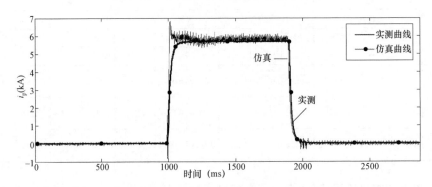

图 3－40　大功率 35%跌落无功电流曲线

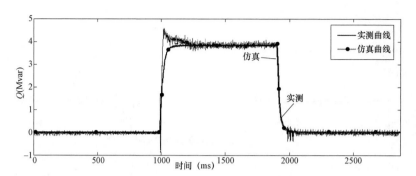

图 3-41　大功率 35%跌落无功功率曲线

各区数据偏差对比见表 3-11。

表 3-11　　　　　　　　　大功率 35%电压跌落数据偏差表

项目	A			B					C				
	稳态			稳态			暂态		稳态			暂态	
	F1	F3	F5	F1	F3	F5	F2	F4	F1	F3	F5	F2	F4
电压	—	0.002 7	—	—	0.013 5	—	—	—	—	0.012 7	—	—	—
有功功率	0.002 6	0.002 8	0.013 3	0.013 8	0.014 4	0.026 6	0.048 5	0.048 8	0.015 3	0.015 3	0.026 7	0.081 0	0.081 7
无功电流	0.003 0	0.006 1	0.027 8	0.019 1	0.027 9	0.131 1	0.159 8	0.173 0	0.003 5	0.009 4	0.075 6	0.040 9	0.057 7
无功功率	0.002 9	0.006 1	0.027 8	0.008 3	0.016 8	0.088 6	0.082 2	0.104 3	0.002 8	0.009 6	0.077 7	0.043 1	0.051 5

依据数据偏差对比结果，各指标均在标准要求范围内，证明模型可准确模拟该工况。

2）小功率工况。小功率 35%电压跌落时，风机并网点电压、有功功率、无功电流、无功功率如图 3-42～图 3-45 所示。

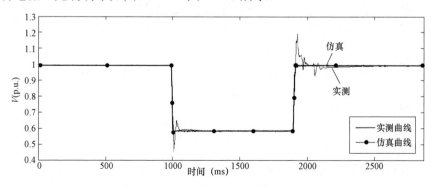

图 3-42　小功率 35%跌落电压曲线

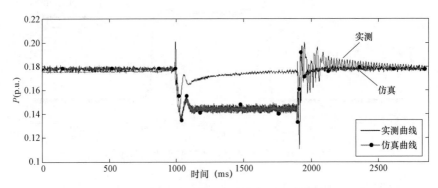

图 3-43　小功率 35%跌落有功功率曲线

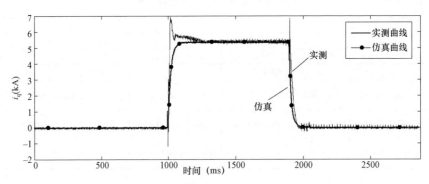

图 3-44　小功率 35%跌落无功电流曲线

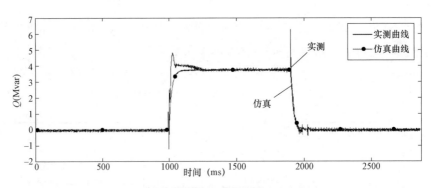

图 3-45　小功率 35%跌落无功功率曲线

各区数据偏差对比见表 3-12。

表 3-12　　　　　　　　　小功率 35%电压跌落数据偏差表

项目	A			B					C				
	稳态			稳态			暂态		稳态			暂态	
	F1	F3	F5	F1	F3	F5	F2	F4	F1	F3	F5	F2	F4
电压	—	0.0015	—	—	0.0055	—	—	—	—	0.0118	—	—	—
有功功率	0.0024	0.0024	0.0060	0.0286	0.0286	0.0357	0.0097	0.0146	0.0013	0.0019	0.0068	0.0032	0.0077
无功电流	0.0093	0.0097	0.0330	0.0161	0.0211	0.0962	0.2304	0.2402	0.0079	0.0116	0.0639	0.0828	0.1007
无功功率	0.0097	0.0102	0.0349	0.0111	0.0140	0.0701	0.1127	0.1264	0.0091	0.0111	0.0698	0.0399	0.061

依据数据偏差对比结果，各指标均在标准要求范围内，证明模型可准确模拟该工况。

（3）50%电压跌落。

1）大功率工况。大功率 50%电压跌落时，风机并网点电压、有功功率、无功电流、无功功率如图 3-46～图 3-49 所示。

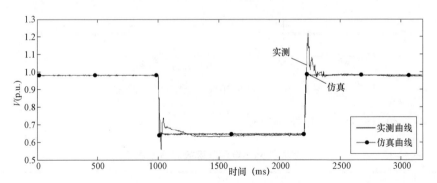

图 3-46　大功率 50%跌落电压曲线

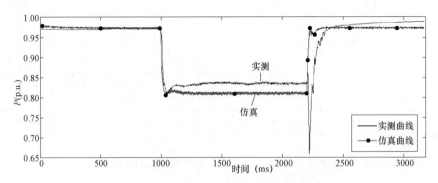

图 3-47　大功率 50%跌落有功功率曲线

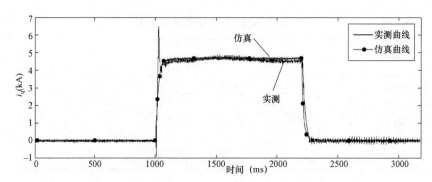

图 3-48　大功率 50%跌落无功电流曲线

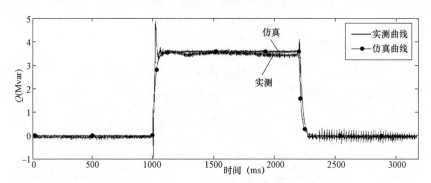

图 3-49　大功率 50%跌落无功功率曲线

各区数据偏差对比见表 3-13。

表 3-13　　　　　　　　　大功率 50%电压跌落数据偏差表

项目	A 稳态			B 稳态			B 暂态		C 稳态			C 暂态	
	F1	F3	F5	F1	F3	F5	F2	F4	F1	F3	F5	F2	F4
电压	—	0.0012	—	—	0.0133	—	—	—	—	0.0122	—	—	—
有功功率	0.0036	0.0036	0.0104	0.0238	0.0238	0.0341	0.0144	0.0149	0.0135	0.0135	0.0181	0.0201	0.0290
无功电流	0.0091	0.0097	0.0321	0.0143	0.0209	0.0657	0.0478	0.1004	0.0080	0.0127	0.0509	0.0687	0.0958
无功功率	0.0094	0.0101	0.0324	0.0152	0.0174	0.0533	0.0334	0.0678	0.0077	0.0135	0.0587	0.0696	0.0872

依据数据偏差对比结果，各指标均在标准要求范围内，证明模型可准确模拟该工况。

2）小功率工况。小功率 50%电压跌落时，风机并网点电压、有功功率、无功电流、无功功率如图 3 – 50 ～图 3 – 53 所示。

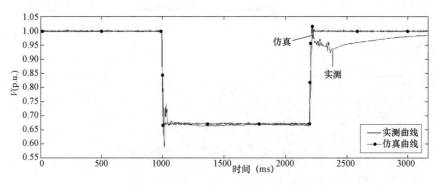

图 3 – 50　小功率 50% 跌落电压曲线

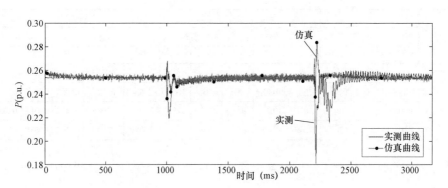

图 3 – 51　小功率 50% 跌落有功功率曲线

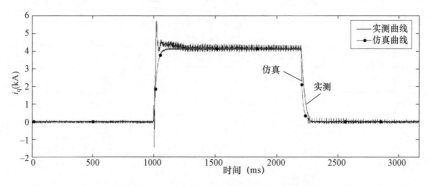

图 3 – 52　小功率 50% 跌落无功电流曲线

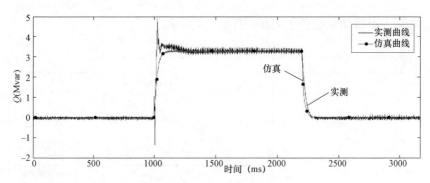

图 3-53 小功率 50%跌落无功功率曲线

各区数据偏差对比见表 3-14。

表 3-14 小功率 50%电压跌落数据偏差表

项目	A			B					C				
	稳态			稳态			暂态		稳态			暂态	
	F1	F3	F5	F1	F3	F5	F2	F4	F1	F3	F5	F2	F4
电压	—	0.001 4	—	—	0.006 6	—	—	—	—	0.035 5	—	—	—
有功功率	4.013e-4	0.001 3	0.005 2	3.203e-4	0.001 7	0.006 2	0.004 4	0.008 1	8.315e-4	0.002 0	0.006 1	0.007 9	0.009 6
无功电流	0.005 2	0.007 1	0.025 6	0.011 9	0.021 1	0.099 5	0.133 3	0.151 3	0.004 1	0.008 8	0.040 3	0.091 3	0.100 2
无功功率	0.005 5	0.007 4	0.027 4	0.005 1	0.015 5	0.075 7	0.078 6	0.068 5	0.005 0	0.008 3	0.029 7	0.065 0	0.087 2

依据数据偏差对比结果，各指标均在标准要求范围内，证明模型可准确模拟该工况。

（4）75%电压跌落。

1）大功率工况。大功率 75%电压跌落时，风机并网点电压、有功功率、无功电流、无功功率如图 3-54～图 3-57 所示。

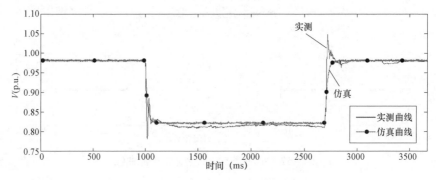

图 3-54 大功率 75%跌落电压曲线

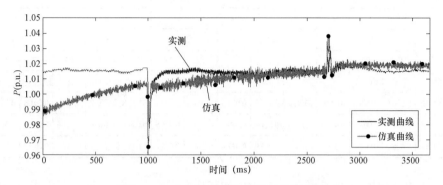

图 3-55　大功率 75%跌落有功功率曲线

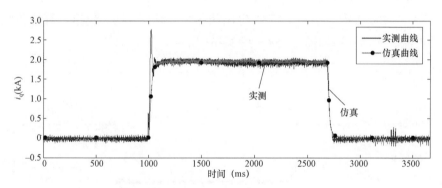

图 3-56　大功率 75%跌落无功电流曲线

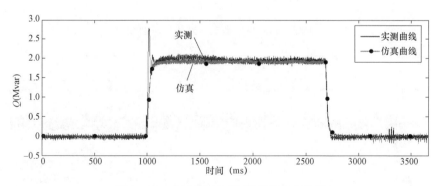

图 3-57　大功率 75%跌落无功功率曲线

各区数据偏差对比见表 3-15。

表 3-15　　　　　　　　　　大功率 75%电压跌落数据偏差表

项目	A			B					C				
	稳态			稳态			暂态		稳态			暂态	
	F1	F3	F5	F1	F3	F5	F2	F4	F1	F3	F5	F2	F4
电压	—	0.001 3	—	—	0.008 2	—			—	0.006 2	—	—	—
有功功率	0.016 6	0.016 6	0.028 6	0.003 5	0.004 2	0.013 5	0.004 6	0.009 1	0.003 8	0.003 8	0.038	0.001 3	0.007 3
无功电流	0.007 0	0.008 8	0.027 8	0.007 4	0.011 9	0.049 8	0.065 3	0.071 9	0.006 8	0.010 1	0.054 6	0.015 6	0.016 7
无功功率	0.005 3	0.006 8	0.023 2	0.009 7	0.013 0	0.042 4	0.048 0	0.054 2	0.005 2	0.007 7	0.039 3	0.006 7	0.014 0

依据数据偏差对比结果，各指标均在标准要求范围内，证明模型可准确模拟该工况。

2）小功率工况。小功率 75%电压跌落时，风机并网点电压、有功功率、无功电流、无功功率如图 3-58～图 3-61 所示。

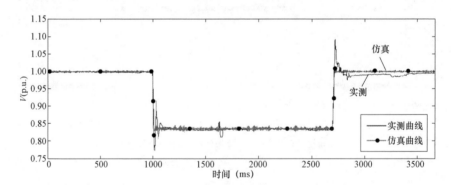

图 3-58　小功率 75%跌落电压曲线

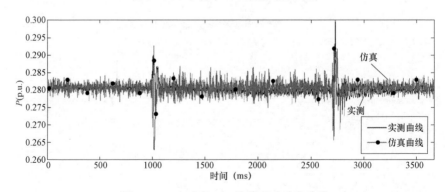

图 3-59　小功率 75%跌落有功功率曲线

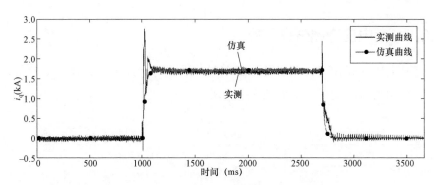

图 3-60　小功率 75%跌落无功电流曲线

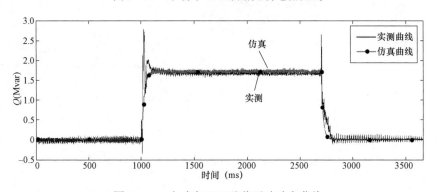

图 3-61　小功率 75%跌落无功功率曲线

各区数据偏差对比见表 3-16。

表 3-16　　　　　　　　小功率 **75%**电压跌落数据偏差表

项目	A			B					C				
	稳态			稳态			暂态		稳态			暂态	
	F1	F3	F5	F1	F3	F5	F2	F4	F1	F3	F5	F2	F4
电压	—	0.001 9	—	—	0.004 4	—			—	0.010 2	—		
有功功率	1.399e−4	9.378e−4	0.004 0	6.746e−4	0.001 6	0.013 5	1.737e−4	0.007 1	5.593e−4	0.001 2	0.004 7	9.581e−4	0.005 7
无功电流	0.003 3	0.006 5	0.022 7	0.006 6	0.009 4	0.032 6	0.064 9	0.077 4	8.089e−4	0.004 3	0.024 8	0.041 1	0.048 7
无功功率	0.003 5	0.006 8	0.023 2	0.006 8	0.009 4	0.028 6	0.047 0	0.064 5	8.435e−4	0.004 6	0.027 2	0.05	0.053 4

　　依据数据偏差对比结果，各指标均在标准要求范围内，证明模型可准确模拟该工况。

3.10.3　高电压穿越仿真分析

（1）电压升高 30%。电压升高 30% 时，风机并网点电压、直流侧电压、网侧传输有功功率、无功功率如图 3－62 所示。

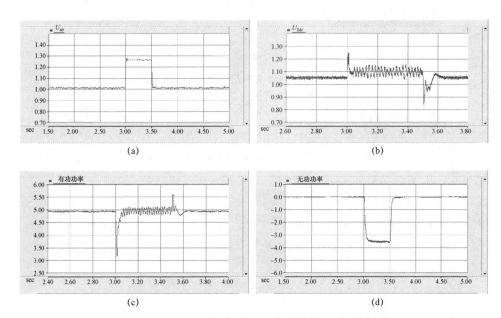

图 3－62　电压升高 30% 时系统仿真波形

（a）并网点电压标幺值；（b）直流侧电压；
（c）输出有功功率；（d）输出无功功率

由图 3－62（a）中可以看出，3s 之前并网点电压一直维持在额定值运行，在 3s 时刻，并网点电压升高到 30%。由图 3－62（b）中可以看出正常运行时直流侧电压一直维持在设定值 1.05kV，在 3s 故障发生时，由于机网侧功率不平衡问题，直流母线侧电压上升，并且在故障结束时经过一个很大的波动恢复到设定值。由图 3－62（c）、（d）可以看出，正常运行时风电机组运行于最大功率跟踪状态，实现有功单位功率因数传输。而在 3s 发生故障时，有功功率跌落程度较深，但恢复较快；而此时系统输出感性无功，抑制电压的升高。故障结束后有功功率、无功功率以及直流母线电压值逐渐恢复至稳态值。

1）三相电压升高 30%。图 3－63 和图 3－64 分别表示三相电压升高 30%，$0.1P_n < P < 0.3P_n$，风电机组升压变压器高压侧响应曲线以及三相电压升高 30%，

$P_n > 0.9P_n$，风电机组升压变压器高压侧响应曲线。响应曲线表明，实际升压幅值分别为 1.173p.u.、1.172p.u.，电压恢复时刻到功率恢复稳态值的时间为 0.11s 和 0.10s，该模型具有在测试点电压为 130% 额定电压时不脱网连续运行 0.5s 的能力。

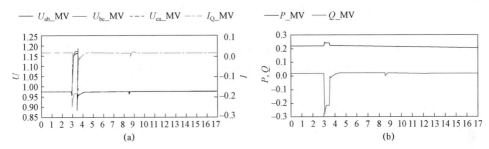

图 3-63　三相电压升高 30%，$0.1P_n < P < 0.3P_n$，风电机组升压变压器高压侧响应曲线
（a）线电压、无功电流；（b）有功功率、无功功率

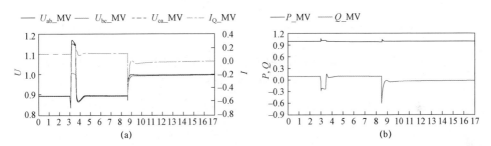

图 3-64　三相电压升高 30%，$P_n > 0.9P_n$，风电机组升压变压器高压侧响应曲线
（a）线电压、无功电流；（b）有功功率、无功功率

2）两相电压升高 30%。图 3-65 和图 3-66 分别表示两相电压升高 30%，$0.1P_n < P < 0.3P_n$，风电机组升压变压器高压侧响应曲线以及两相电压升高 30%，$P_n > 0.9P_n$，风电机组升压变压器高压侧响应曲线。响应曲线表明，实际升压幅值分别为 1.178p.u.、1.132p.u.，电压恢复时刻到功率恢复稳态值的时间为 0.14s 和 0.08s，该模型具有在测试点电压为 130% 额定电压时不脱网连续运行 0.5s 的能力。

（2）电压升高 25%。电压升高 25% 时，风机并网点电压、直流侧电压、网侧传输有功功率、无功功率如图 3-67 所示。

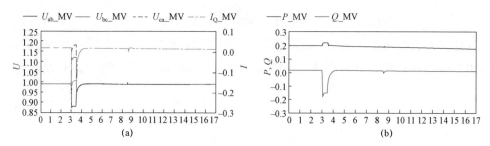

图 3-65 两相电压升高 30%，$0.1P_n<P<0.3P_n$，风电机组升压变压器高压侧响应曲线

（a）线电压、无功电流；（b）有功功率、无功功率

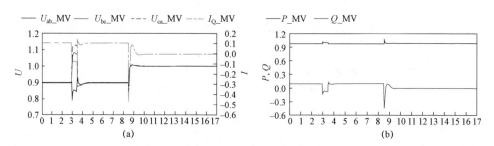

图 3-66 两相电压升高 30%，$P_n>0.9P_n$，风电机组升压变压器高压侧响应曲线

（a）线电压、无功电流；（b）有功功率、无功功率

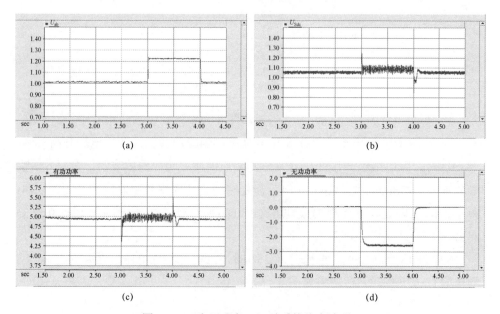

图 3-67 电压升高 25% 时系统仿真波形

（a）并网点电压标幺值；（b）直流侧电压；（c）输出有功功率；（d）输出无功功率

图 3-67 为并网点电压升高 25%时系统的仿真波形。由图（a）中可以看出，3s 之前并网点电压一直维持在额定值运行，在 3s 时刻并网点电压升高到 25%。由图（b）中可以看出，正常运行时直流侧电压一直维持在设定值 1.05kV，在 3s 故障发生时，由于机网侧功率不平衡，直流母线侧电压上升，并且在故障结束时经过一个很大的波动恢复到设定值。由图（c）、（d）可以看出，正常运行时风电机组运行于最大功率跟踪状态，实现有功单位功率因数传输。而在 3s 发生故障时，有功功率跌落程度较深，但恢复较快；而此时系统输出感性无功，抑制电压的升高。故障结束后有功功率、无功功率以及直流母线电压值逐渐恢复至稳态值。

1）三相电压升高 25%。图 3-68 和图 3-69 分别表示三相电压升高 25%，$0.1P_n<P<0.3P_n$，风电机组升压变压器高压侧响应曲线以及三相电压升高 25%，$P_n>0.9P_n$，风电机组升压变压器高压侧响应曲线。响应曲线表明，实际升压幅值分别为 1.153p.u.、1.110p.u.，电压恢复时刻到功率恢复稳态值的时间为 0.37s 和 0.10s，该模型具有在测试点电压为 125%额定电压时不脱网连续运行 1s 的能力。

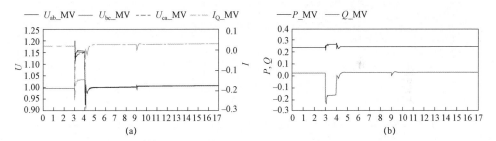

图 3-68　三相电压升高 25%，$0.1P_n<P<0.3P_n$，风电机组升压变压器高压侧响应曲线
（a）线电压、无功电流；（b）有功功率、无功功率

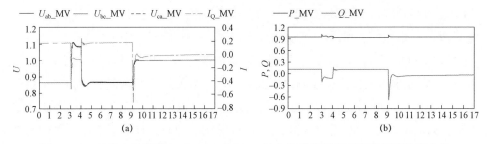

图 3-69　三相电压升高 25%，$P_n>0.9P_n$，风电机组升压变压器高压侧响应曲线
（a）线电压、无功电流；（b）有功功率、无功功率

2）两相电压升高 25%。图 3－70 和图 3－71 分别表示两相电压升高 25%，$0.1P_n<P<0.3P_n$，风电机组升压变压器高压侧响应曲线以及两相电压升高 25%，$P_n>0.9P_n$，风电机组升压变压器高压侧响应曲线。响应曲线表明，实际升压幅值分别为 1.186p.u.、1.048p.u.，电压恢复时刻到功率恢复稳态值的时间为 0.44s 和 0.05s，该模型具有在测试点电压为 125%额定电压时不脱网连续运行 1s 的能力。

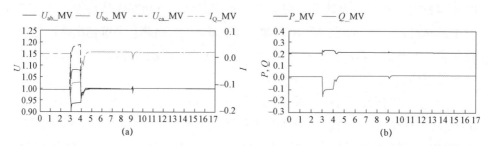

图 3－70　两相电压升高 25%，$0.1P_n<P<0.3P_n$，风电机组升压变压器高压侧响应曲线
（a）线电压、无功电流；（b）有功功率、无功功率

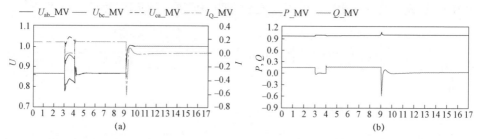

图 3－71　两相电压升高 25%，$P_n>0.9P_n$，风电机组升压变压器高压侧响应曲线
（a）线电压、无功电流；（b）有功功率、无功功率

（3）电压升高 20%。电压升高 20%时，风机并网点电压、直流侧电压、网侧传输有功功率、无功功率如图 3－72 所示。由图 3－72（a）中可以看出，3s之前并网点电压一直维持在额定值运行，在 3s 时刻并网点电压升高到 20%。由图 3－72（b）中可以看出，正常运行时直流侧电压一直维持在设定值 1.05kV，在 3s 故障发生时，直流母线侧电压波动很小，故障结束后恢复到设定值。由图 3－72（c）、3－72（d）可以看出，正常运行时风电机组运行于最大功率跟踪状态，实现有功单位功率因数传输。而在 3s 发生故障时，有功功率一直在额定功率附近波动；而此时系统输出感性无功，抑制电压的升高。故障结束后有功功率、无功功率以及直流母线电压值逐渐恢复至稳态值。

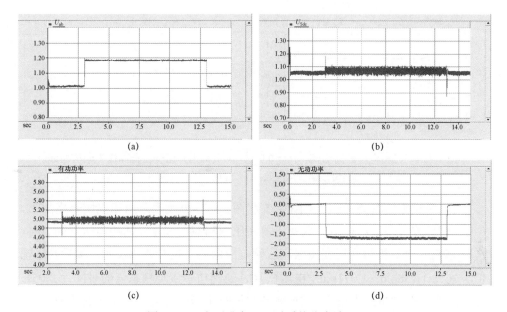

图 3－72 电压升高 20%时系统仿真波形

（a）并网点电压标幺值；（b）直流侧电压；（c）输出有功功率；（d）输出无功功率

1）三相电压升高 20%。图 3－73 和图 3－74 分别表示三相电压升高 20%，$0.1P_n < P < 0.3P_n$，风电机组升压变压器高压侧响应曲线以及三相电压升高 20%，$P_n > 0.9P_n$，风电机组升压变压器高压侧响应曲线。响应曲线表明，实际升压幅值分别为 1.137p.u.、1.084p.u.，电压恢复时刻到功率恢复稳态值的时间均为 0.05s，该模型具有在测试点电压为 120%额定电压时不脱网连续运行 10s 的能力。

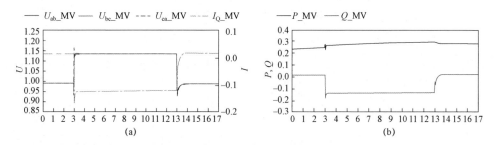

图 3－73 三相电压升高 20%，$0.1P_n < P < 0.3P_n$，风电机组升压变压器高压侧响应曲线

（a）线电压、无功电流；（b）有功功率、无功功率

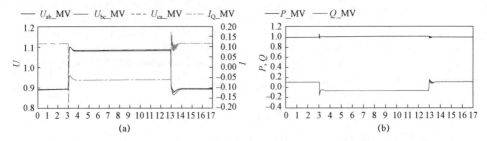

图 3-74　三相电压升高 20%，$P_n>0.9P_n$，风电机组升压变压器高压侧响应曲线
（a）线电压、无功电流；（b）有功功率、无功功率

2）两相电压升高 20%。图 3-75 和图 3-76 分别表示两相电压升高 20%，$0.1P_n<P<0.3P_n$，风电机组升压变压器高压侧响应曲线以及两相电压升高 20%，$P_n>0.9P_n$，风电机组升压变压器高压侧响应曲线。响应曲线表明，实际升压幅值分别为 1.158p.u.、1.071p.u.，电压恢复时刻到功率恢复稳态值的时间为 0.05s，该模型具有在测试点电压为 125%额定电压时不脱网连续运行 10s 的能力。

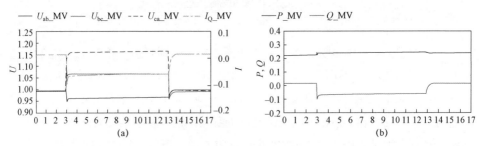

图 3-75　两相电压升高 20%，$0.1P_n<P<0.3P_n$，风电机组升压变压器高压侧响应曲线
（a）线电压、无功电流；（b）有功功率、无功功率

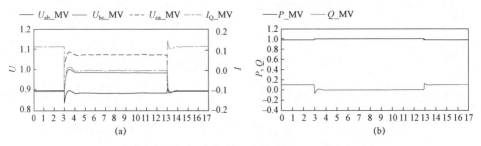

图 3-76　两相电压升高 20%，$P_n>0.9P_n$，风电机组升压变压器高压侧响应曲线
（a）线电压、无功电流；（b）有功功率、无功功率

第 4 章 》

风电场的等值模型及特性分析

4.1 风电场等值目标及思路

风电场等值，是将风电场等值为若干台风电机组，缩小仿真计算的问题规模，显著降低计算量。在对时间要求较高的计算中，提高计算时效性。

4.1.1 风电场等值的必要性

随着海上风电场的规模和装机容量越来越大，海上风力发电的容量在当地电网中的占比也越来越大，其对电网的影响也逐渐由局部向整体扩散。在大规模海上风电场的仿真建模中，大型风电场由几百台甚至上千台风电机组组成，如果对每一台风电机组从发电机到控制系统都详细地建立模型，会极大地增加计算的复杂程度，导致计算时间过长，而且受限于仿真软件节点数目的限制，可能会出现超出上限节点的情况[1]。所以对于大规模海上风电场等值建模的深入研究很有意义和必要。

大规模风电的接入改变了电网原有的潮流分布、线路传输功率以及整个系统的惯量，对电力系统的静态、动态稳定性都有影响。采用考虑每台机组的风电场详细模型分析风电接入对电力系统的影响，虽然仿真精度相对较高，但是计算时间过长，不适用于大规模风电场的并网研究。研究表明，一个风电场内各台风机之间的电气联系紧密，在系统大扰动故障情况下各台风机的反应十分类似，且风电场与电网之间的相互作用是主要方面，把风电场等值建模简化计算过程可以达到满意的精度。

---

❶ Zou J，et al. A Fuzzy Clustering Algorithm-Based Dynamic Equivalent Modeling Method for Wind Farm with DFIG. IEEE Transaction on Energy Conversion，2015，30（4）：1329-1337.

GB/T 19963—2011《风电场接入电力系统技术规定》要求在仿真计算中可根据计算目的对单个风电场进行详细建模或等值建模，且要求风电场等值模型应能反映风电场动态特性。当风电场模型的应用目的、风电机组类型以及等值模型要求精度不同时，相应的风电场模型等值方法也不同。根据应用目的不同可以把风电场等值建模问题分为两类，一类是应用于风电场规划设计阶段，如用于电缆、变压器以及保护设备选择的风电场短路电流计算、利用功率曲线计算风电场的风能输出以及潮流计算等，其对风电场模型要求比较简单，不需要建立风电机组的详细控制模型；另一类是应用于风电场并网问题的研究，对该问题的研究需要建立风电机组及其控制的详细模型，其风电场等值建模也较为复杂。本书研究的风电场等值建模问题属于后者。

4.1.2　风电场的等值建模方法

大规模风电场的等值方法主要有聚合和降阶这两种，如图4-1所示。其中，聚合方法通过在建模时减少需要搭建的风电机组数量，以达到降低建模复杂度的目的；降阶方法是在风电场建模时通过数学以及系统理论降低模型的阶数，例如常见的平衡理论、积分流形理论以及奇异摄动理论，对风电机组详细

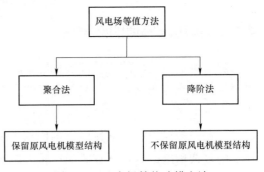

图4-1　风电场等值建模方法

模型中存在的大量微分方程进行化简、降阶。这样做虽然可以简化仿真计算，但是由于其直接改变了风电机组的模型结构，所以难以对其进行有效的仿真分析，也就失去了等值的意义；而且，当风电场规模进一步扩大后，降阶法对风电场模型的简化作用将越来越小。为此，本书主要研究基于聚合法的风电场等值建模方法。

风电场的等值一般根据不同的目标采用不同的方法，由不同的风机类型、不同的应用目的和等值模型要求的不同而确保不同精度。一般情况下，风电场等值模型可分为单机等值和多机等值❶。

---

❶　朱乾龙，韩平平，丁明，等．基于聚类—判别分析的风电场概率等值建模研究．中国电机工程学报，2014，34（028）：4770－4780．

（1）单机等值。单机等值即把风电场等值为单台风电机组，保留原有的风力机部分以及风速模型，将所有机组的机械转矩叠加在一起得到等值机组的输出。此方法简便易行，可以快速高效地将风电场的输出特性等效，适用于风速差异较小的风电场动态等值建模。然而对于大型风电场，由于地形地貌以及尾流效应和时滞的影响，风电场内风速分布不均匀，风电机组的风速差异较大，风电机组处于不同的运行点，故障条件下使用单机等值模型难以反映不同轴系动态的特性，通常会产生较大的误差。

（2）多机等值。随着风电场规模的扩大，运行状态不同的机组具有不同的响应特性，整个风电场的动态特性不能简单地用机组倍乘关系来表征。借鉴常规发电单元的同调等值思想，许多学者提出了多机等值的概念：先选定相应的等值指标，将风电场分为若干个机群，再将每个机群等值为单台风电机组，于是风电场由详细模型转化为由多个风电机组共同组成的等值模型。

4.1.3　风电场等值思路

本书利用多机等值法得到风电场的多机等值模型。确立可靠的分群指标，将风电机组按该指标分群，再将同群的风机等值为单机，从而建立风电场多机等值模型是本书采用的风电场等值思路，如图 4-2 所示。

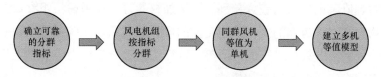

确立可靠的分群指标 → 风电机组按指标分群 → 同群风机等值为单机 → 建立多机等值模型

图 4-2　风电场等值思路

（1）可靠的分群指标。近年来，各国学者提出根据风电机组的运行状态来分群。最常用的分群指标是风电机组的输入风速和机组输出的有功功率。其中，输入风速不仅反映风电机组叶轮所接收风速大小，而且还与风电机组所处的地理位置与环境及其他风电机组尾流的影响有关。所以在进行机群划分时，可以将风速数据作为划群依据。同时，机组的有功功率作为整个机组的输出是风能最终转化的能源形式，它是风速、地理位置、风机性能等多项因素综合而形成的结果，所以也可以把有功功率作为划群的依据进行聚类分析。

此外，随着对同调机群划分精度要求的提高，分群指标表征的机组特性从风力机拓展到发电机本身。学者们又提出了依据仿真过程中状态变量矩阵、故障切除时刻发电机转速、风电机组机端暂态电压跌落值、故障前发电机机械功率差等指标进行聚合分类，在提高同调机群划分精度的同时也带来了实际工程应用中分群指标难以采集的问题❶。本书从工程实用性出发，以国内外学者普遍采用的风速大小作为分群指标，在此基础上加入了尾流效应和风向变化对机组同调性的影响。

（2）风电场的聚类分群。聚类是指将物理或者抽象的集合分组成为多个类的过程，每一类又称为一个簇，处在同一个簇中的对象之间具有较高的相似性，不同簇中的对象则相异。聚类分析的主要目的是把数据样本按照一定的距离比较和相似度划分成若干类，这些类不是事先确定好的，而是由数据样本本身的特征决定。本书采用的 k – means 法是聚类算法中的一种常用方法。

在定义了风电场分群指标后，利用聚类算法将风电场分群，同群内的风电机组具有极高的相似性，而不同群组之间的风电场相似度则是较低的。将风电场分群之后，同一个群组的机组将等值为一台风电机，需要对其等值参数进行聚合归算。

（3）同群风机的参数聚合及风电场等值。参数聚合需要根据群内机组的各种参数来确定等值机组的参数。依据模型精度的要求，采用不同参数计算方法聚合后的等值风电机组有较大差别。容量加权的方法仅考虑机组参数的倍乘关系，参数变换方法考虑的是机组电路上的串并联关系，系统参数辨识法基于风电场的输入 – 输出数据对等值模型参数进行优化。对于风力机和发电机电气参数，应用较为广泛的是容量加权法。

风电场大多是由型号、容量相同的风电机组构成，也有一部分风电场所装机组型号、容量有所差异。对于不同型号风电机组的聚合，电气、传动链参数采用容量加权法即可，但是由于型号不同，风力机参数如最优叶尖速比、风能利用系数、风轮半径、齿轮箱变比、额定风速均有所差异，因此将不同型号的风力机进行聚合难度较大，但其等值方法仍然类似于同型号机组的等值方法。本书讨论的风电场等值是针对型号相同的机组进行的，并在此基础上根据机组运行状态分群，风电场等值过程中利用容量加权法需要计算的有风速、传动链参数、发电机参数、控制参数及集电线路参数。

---

❶ 陈树勇，王聪，申洪，等. 基于聚类算法的风电场动态等值. 中国电机工程学报，2012，32（004）：11 – 19.

4.2　基于风速因子的风电场分群方法

4.2.1　尾流效应影响因素分析

在气流经过风机时，风轮会吸收部分风能，导致风速突然下降，之后随着距离的增加风速逐渐恢复，这就是尾流效应。在其影响之下，风电场内部的风速分布不均匀，各个风电机组的运行点也不同。相比于陆上风电场，海上风电场地形更加平缓，且风速更大，尾流效应的作用更加明显，比较适合用 Jensen 模型进行模拟。Jensen 模型示意图如图 4-3 所示。

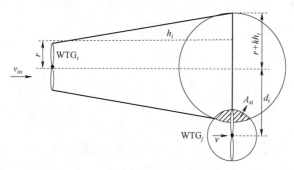

图 4-3　Jensen 模型示意图

如图所示，WTG_i 和 WTG_j 分别为上游风机和下游风机，风机的叶片半径均为 r，C_t 为推力系数，k 为衰减常数，h_i 和 d_i 分别为下游风机距上游风机的横向和纵向距离，v_{in} 为 WTG_i 处的来流风速，v_x 为受尾流效应影响在 WTG_j 处的来流风速，WTG_i 部分遮挡 WTG_j，遮挡面积为图中阴影部分 A_{si}，则 v_x 的值可由以下公式得出

$$v_x = v_{in} \left[1 - (1 - \sqrt{1 - C_t}) \left(\frac{r}{r + kh_i} \right)^2 \left(\frac{A_{si}}{\pi r^2} \right) \right] \qquad (4-1)$$

其中，C_t 的值由式（4-2）给出

$$C_t = \frac{F_t}{\rho \pi r^2 v_{in}^2} \qquad (4-2)$$

式中：F_t 为推力；ρ 为空气密度。

阴影面积 A_{si} 是 x、d_i 和 r 的函数，由几何关系和余弦定理可得出其公式

$$A_{si} = 2r^2 \arccos\frac{d_i}{2r} - rd_i \sin\left(\arccos\frac{d_i}{2r^2}\right) \tag{4-3}$$

在计算风电场的尾流效应时，每当风向变化时都会导致不同的上下游风机关系，而且海上风电场一般规模都较大，风机数量很多，时时刻刻计算每台风电机的尾流效应会使得计算量巨大且复杂。实际上距离较远的上游风机对下游风机的影响几乎可以忽略不计，为简化计算量，在此定义衰减系数 δ，当风速因尾流效应衰减小于 0.9 时 $\delta=1$，否则 $\delta=0$。

同时，当上游风机停运时，其下游风机将不再受到其尾流效应的影响，可定义停机系数 β，当风机停机时 $\beta=0$，否则 $\beta=1$。

每一台下游风机都可能受到不止一台上游风机的影响，需要将多台上游风机的共同影响考虑进去，由此定义风速因子 μ 为

$$\begin{aligned}\mu &= v_x / v_{in} \\ &= \left[1 - \sum_{i=1}^{N} \delta_i p \beta_i (1 - \sqrt{1 - C_t})\left(\frac{r}{r + kh_i}\right)^2 \left(\frac{A_{si}}{\pi r^2}\right)\right]\end{aligned} \tag{4-4}$$

式中：N 为上游风机的个数；p 为风电机组发生停机的概率。

在风电场中的风向变化时，场中尾流效应的影响区域和大小也会发生变化。图 4-4 为风向变化对尾流效应影响的示意图。其中，γ_1 为初始的风向角，γ_2 为变化后的风向角，α 为两个风向间的夹角，x 为两台风机 WTGi 和 WTGj 在初始风向角下沿风向的距离。

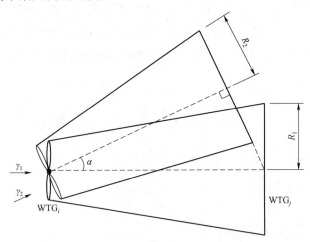

图 4-4　风向变化对尾流效应影响的示意图

在风向角为 γ_1 时，风机 WTGi 在 WTGj 处的尾流效应影响半径 R_1 为

$$R_1 = r + kh \tag{4-5}$$

在风向变化为 γ_2 时，风机的偏航系统会让其发生偏转，保证风机的迎风面与风向垂直，此时的尾流效应影响半径 R_2 为

$$R_2 = r + kh\cos\alpha \tag{4-6}$$

通过式（4-5）和式（4-6）可看出，在风向发生变化时，上游风机的尾流效应影响半径以及影响面积均会发生变化，最终影响到下游风机的来流风速，可通过式（4-6）重新计算新风向下的尾流效应的影响半径。

4.2.2　基于风速因子的风电场分群流程

将前面一节得出的每台风电机组的风速因子作为等值依据，利用自动选取最优分群数的 $k-\text{means}$ 算法对其进行分群。k 均值算法是一种高效简便的聚类分群方法，但是由于要求人为给定聚类的个数，可能会导致无法得到最优分类结果。本节以每台风电机的风速因子作为分群的指标，采用自动选取最优分群数目的 k 均值算法对风电场机组进行分群。

由于分群的目的是将符合相似特征的数据尽可能归为一类，不符合相似特征的数据尽可能分开。所以本节依据此原则定义了在聚类数目为 C 时的聚类指标 $\mu(C)$ 为

$$\mu(C) = \frac{\sum\limits_{i=1}^{c}\sum\limits_{j=1}^{n_i}(x_j - y_i)^2 / n_i}{\sum\limits_{i=1}^{c}(y_i - Y)^2 / c} \tag{4-7}$$

式中：x_j 为第 i 类里的第 j 个数据；y_i 为第 i 类数据的均值；Y 为所有数据的均值；n_i 为第 i 类的数据个数；c 为聚类的个数。

式（4-7）的分子表示每一类中数据的紧密程度，分母表示类间的分离程度，所以 μ 的值越小越好。自动选取最优分群数的 k 均值算法先通过式（4-7）得出最优的聚类个数，然后进行聚类，具体的风电场分群流程如图 4-5 所示。

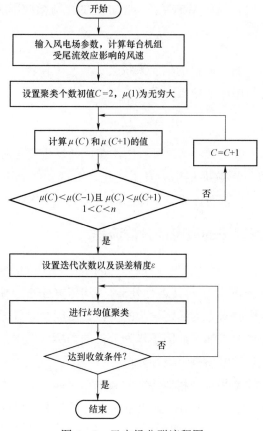

图 4-5　风电场分群流程图

4.3　风电场等值参数计算方法

风机分群后，按所分的群进行参数聚合，同群机组通过参数聚合形成一台等值风电机组，本书采用基于机组容量加权的参数聚合法进行风机等值模型的参数计算，包括风速、传动链参数、发电机参数、变压器参数、集电线路参数以及控制参数的参数聚合。

4.3.1　风速等值

各台风力机捕获的风功率为

$$P_i = \frac{1}{2}\rho S_m C_{pi} v_i^3 \qquad (4-8)$$

式中：S_m 为风力机扫风面积；C_{pi} 为各风力机风能利用系数；ρ 为空气密度；v_i 为各风力机输入风速。

设 P_{eq} 为风电场内 m 台风力机捕获风功率之和，则

$$P_{eq} = \sum_{i=1}^{m} P_i = \sum_{i=1}^{m} \frac{1}{2}\rho S_m C_{pi} v_i^3 \qquad (4-9)$$

设等值风力机风能利用系数 C_{peq} 为各台风力机风能利用系数的平均值

$$C_{peq} = \frac{1}{m}\sum_{i=1}^{m} C_{pi} \qquad (4-10)$$

令

$$P_{eq} = \frac{1}{2}m C_{peq}\rho S_m v_{eq}^3 \qquad (4-11)$$

即可得到输入到等值风力机的等值风速

$$v_{eq}^3 = \left(\frac{1}{mC_{peq}}\sum_{i=1}^{m} C_{pi} v_i^3\right)^{\frac{1}{3}} \qquad (4-12)$$

4.3.2　传动链参数等值

传动链参数等值采用容量加权法，即

$$\begin{cases} H_{eq} = \dfrac{\sum\limits_{i=1}^{m} S_i H_i}{S_B} = H \\[4mm] D_{eq} = \dfrac{\sum\limits_{i=1}^{m} S_i D_i}{S_B} = D \\[4mm] K_{eq} = \dfrac{\sum\limits_{i=1}^{m} S_i K_i}{S_B} = K \end{cases} \qquad (4-13)$$

式中：由于型号相同，各机组的单机基准容量均为 S_b，各机组的惯性时间常数、阻尼系数、刚度系数也相同，为 H、D、K；H_{eq} 为等值后惯性时间常数；D_{eq}

为等值后阻尼系数标幺值；K_{eq} 为等值后刚度系数标幺值；S_B 为等值机的基准容量，$S_B = mS_b$。

4.3.3 发电机参数等值

发电机参数采用容量加权法，有名值情况下同型号机组的聚合参数为

$$\begin{cases} S_{eq} = mS \\ x_{m\_eq} = \dfrac{x_m}{m} \\ x_{1\_eq} = \dfrac{x_1}{m} \\ x_{2\_eq} = \dfrac{x_2}{m} \\ r_{1\_eq} = \dfrac{r_1}{m} \\ r_{2\_eq} = \dfrac{r_2}{m} \end{cases} \qquad (4-14)$$

式中：m 为等值的台数；发电机容量在等值后为原来的 m 倍，S 表示单台发电机的容量，S_{eq} 则为风电场的等值发电机容量；发电机的电阻电抗参数在等值后为原来的 $1/m$，x_m、x_1、x_2 分别为单台发电机的励磁电抗、定子电抗和转子电抗，x_{m_eq}、x_{1_eq}、x_{2_eq} 分别为风电场的等值励磁电抗、等值定子电抗和等值转子电抗。

4.3.4 箱式变压器的参数聚合

风电机组机端电压为 0.69kV，每台风电机组一般配备一台箱式变压器，通过箱式变压器升压至 35kV 之后接入风电场出口处的母线。当等值风电机组参数获得后，需要为等值风机配备一台等值箱式变压器，其等值参数为

$$\begin{cases} S_{T\_eq} = mS_T \\ Z_{T\_eq} = \dfrac{Z_T}{m} \end{cases} \qquad (4-15)$$

式中：类似发电机参数的等值，变压器的容量在等值后为原来的 m 倍，S_T 表示单台变压器的容量，S_{T_eq} 表示风电场的等值变压器容量；变压器的阻抗在等值后为原来的 $1/m$，Z_T 表示单台变压器的阻抗，Z_{T_eq} 表示风电场的等值变压器阻抗。

4.3.5　风电场集电线路等值

现有的大多数风电场等值研究中，一般忽略风电场的集电线路的等值，而用普通的连接线代替，大型风电场中的集电线路一定程度上会影响系统的无功平衡，因此集电线路的等值值得引起重视。以图 4-6 所示的集电线路为例说明等值过程，做如下两点假设：

（1）假设所有风电机组注入集电线路的电流的幅值和相位相等。

（2）假设由于并联电容器组补偿或机组本身有励磁能力，风电机组的功率因数为1。

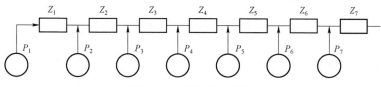

图 4-6　详细集电线路

阻抗 Z_i 压降为

$$\Delta V_{Z_i} = Z_i \sum_{j=1}^{i} I_j = \frac{\sum_{j=1}^{i} S_j}{V} Z_i = \frac{\sum_{j=1}^{i} P_j}{V} Z_i \tag{4-16}$$

设 P_Z 为流经阻抗 Z_i 的有功功率，则

$$P_{Z_i} = \sum_{j=1}^{i} P_j \tag{4-17}$$

则每一段线路的线损

$$S_{\text{LOSS}\_Z_i} = \Delta V_{Z_i} (\sum_{j=1}^{i} I_j)^* = \frac{Z_i (\sum_{j=1}^{i} P_j)^2}{V^2} = \frac{Z_i P_{Z_i}^2}{V^2} \tag{4-18}$$

集电线路系统损耗为

$$S_{\text{LOSS}} = \sum_{i=1}^{n} S_{\text{LOSS}\_Z_i} = \frac{\sum_{i=1}^{n} Z_i P_{Z_i}^2}{V^2} \tag{4-19}$$

式中：n 为等值前风机总台数。

利用等值前后损耗不变的原则可以得到集电线路等值阻抗。如风电场共 10

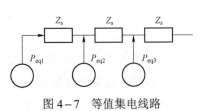

图 4-7　等值集电线路

台风机，将其分为三群，第一群包括第 1、2、3 台机组，第二群包括第 4、5、6 台机组，第三群包括第 7、8、9、10 台机组，即用 3 台等值风机代表原风电场的 10 台风机，设每台等值风电机组的等值阻抗为 Z_s，如图 4-7 所示。

则等值前系统的总损耗表示为

$$S_{\text{LOSS}} = \frac{\sum\limits_{i=1}^{10} Z_i P_{Z_i}^2}{V^2} \qquad (4-20)$$

等值后系统的总损耗可表示为

$$S_{\text{LOSS}} = \frac{P_{\text{eq1}}^2 + (P_{\text{eq1}} + P_{\text{eq2}})^2 + (P_{\text{eq1}} + P_{\text{eq2}} + P_{\text{eq3}})^2}{V^2} Z_s \qquad (4-21)$$

其中 $P_{\text{eq1}} = P_1 + P_2 + P_3$，　$P_{\text{eq2}} = P_4 + P_5 + P_6$，　$P_{\text{eq3}} = P_7 + P_8 + P_9 + P_{10}$

利用等值前后总损耗不变的原则可以得到等值阻抗

$$Z_s = \frac{\sum\limits_{i=1}^{10} Z_i P_{Z_i}^2}{P_{\text{eq1}}^2 + (P_{\text{eq1}} + P_{\text{eq2}})^2 + (P_{\text{eq1}} + P_{\text{eq2}} + P_{\text{eq3}})^2} \qquad (4-22)$$

4.3.6　变流器及控制环节等值

MATLAB、DIGSILENT 等电力系统仿真软件中，风机单机模型的参数列表中可以设置风机数量，因此只需要将分群后每群的数量和该群的等值风速输入到风机单机模型中即可完成该群的等值，无需对风机的变流器做出改变，但 PSCAD 仿真软件中风机单机模型无法设置风机数量，需要对风机变流器和控制参数做出改变。

等值风机的控制参数可以按照下式进行参数聚合。机组型号一致时等值风机的控制参数不变，但变流器控制器输入信号和变流器直流侧电容等部分要做相应改变。

$$K_G = \sum_{\forall j \in G} \left(\frac{S_j}{S_G} K_j \right) \qquad (4-23)$$

式中：K_j、K_G 为等值前后风机 PI 环节中的参数；S_G 为等值机容量；S_j 为等值前机组容量。

当 m 台型号一致的风机等值为一台机组时，等值机机端电压与单台机组相同，为保证发出的有功、无功量与 m 台机组相同，那么等值机发出的电流必然是单机的 m 倍，流过转子侧变流器和网侧变流器的电流也是单机的 m 倍，进入转子侧变流器控制器和网侧变流器控制器的电流信号也是单机的 m 倍。此时等值风机变流器的控制器 PI 环节中的参数若不变，控制器的其他环节也不做出改变，那么等值机将输出混乱的波形。

4.4 等值模型仿真验证

在 PSCAD 上建立了双馈风电机组构成的风电场，图 4-8 为风电场模型的结构图。风电场由 16 台额定功率为 5.5MW 的双馈风电机组成，风电机组经 35kV/690V 升压变压器汇集至风电场与电网的公共连接点，即 PCC 点处，再经 110kV/35kV 升压变压器连接至大电网。发电机组的主要参数为：$P=5MW$，$f=50Hz$，$R_s=0.005\ 4$，$X_s=0.102$，$R_r=0.006\ 07$，$X_r=0.11$，$X_m=4.5$，额定风速为 11m/s。空气密度为 1.2kg/m^3，风轮半径为 1.6m，风能利用系数为 0.33，推力系数为 0.8，衰减常数为 0.072，为不失一般性，风向定为 45°。

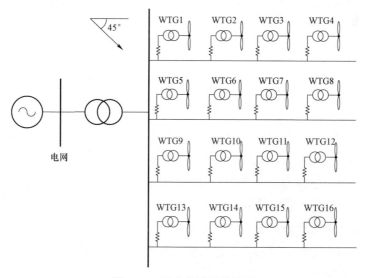

图 4-8 风电场模型结构图

4.4.1 大风工况下仿真验证

在大风工况下（来流风速为 11.4m/s）按照本书所提基于风速因子的分群方法对风电场进行了分群，将 16 台风电机组分为了 4 群，分群结果见表 4-1。

表 4-1	风 电 场 分 群 结 果	
等值机编号	风机编号	等值风速（m/s）
1	1，2，3，5，9，13	11.021 9
2	4，6，10，12	10.224 5
3	7，8，11，14	8.905 3
4	15，16	8.005 0

在 PCC 点处发生电压跌落 20% 的三相短路故障，故障持续 0.15s，之后故障恢复。图 4-9 和图 4-10 分别为对详细模型、单机等值模型和基于风速因子的四机等值模型在 PCC 点处的有功和无功功率曲线。

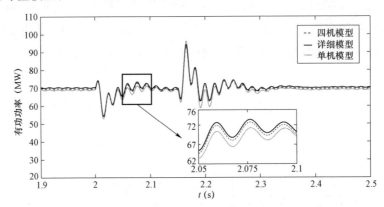

图 4-9　大风工况三相短路故障下风电场 PCC 点处有功功率曲线

从图 4-9 可以看出，在三相短路故障下，风电机组的有功输出功率在故障瞬间迅速下降，0.15s 故障恢复后回升，在短暂的波动后恢复稳定值。并且可以看出，基于风速因子四机等值模型的有功输出曲线无论是从趋势上还是数值上都比单机模型更贴近于详细模型，误差更小。

从图 4-10 可知，四机模型的无功功率输出也更贴近详细模型，且在故障期间区别更加明显。

在相同情况下对详细模型、单机模型和四机模型在单相短路故障下进行仿真，PCC 点处的有功、无功功率曲线如图 4−11 和图 4−12 所示。

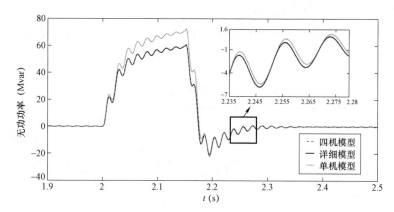

图 4−10　大风工况三相短路故障下风电场 PCC 点处无功功率曲线

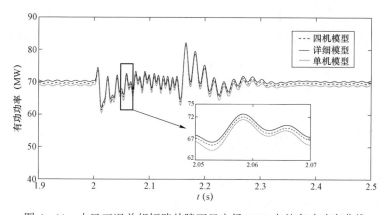

图 4−11　大风工况单相短路故障下风电场 PCC 点处有功功率曲线

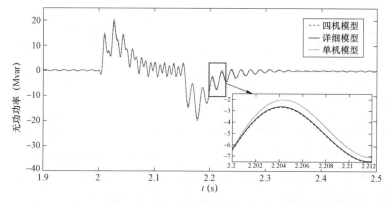

图 4−12　大风工况单相短路故障下风电场 PCC 点处无功功率曲线

由图 4-11 和图 4-12 可知，在 PCC 点处发生单相短路故障时，四机模型的准确率仍明显高于单机模型。

为了量化单机和基于风速因子的四机等值模型的误差，本书以详细模型为基准，对单机和基于风速因子的四机等值模型进行误差分析，结果见表 4-2。

表 4-2　　　　　　　　大风工况下不同等值方法的误差比较

等值方法	故障类型					
	单相接地			三相接地		
	$E_p\%$	$E_q\%$	$E_n\%$	$E_p\%$	$E_q\%$	$E_n\%$
单机等值模型	2.12	7.49	4.805	2.14	17.9	10.02
基于风速因子的四机等值模型	1.24	1.85	1.425	1.21	3.8	2.505

由表 4-2 可得，在单相短路和三相短路故障下，采用基于风速因子的四机等值模型仿真后的有功和无功功率输出和详细模型的误差远小于单机模型与详细模型的误差，从综合误差上来看，基于风速因子的四机等值模型比单机等值模型在单相和三相短路下误差分别下降了 70% 和 75%，证明了所提方法的准确性和有效性。

4.4.2　小风工况下仿真验证

在小风工况下（来流风速为 6.82m/s）按照本书所提基于风速因子的分群方法对风电场进行了分群，将 16 台风电机组分为了 4 群，分群结果见表 4-3。

表 4-3　　　　　　　　　　风 电 场 分 群 结 果

等值机编号	风机编号	等值风速（m/s）
1	1，2，4，5，7，9，13	6.707
2	3，6，11，15	5.050
3	8，10，14	4.279
4	12，16	3.656

在 PCC 点处发生电压跌落 20% 的三相短路故障，故障持续 0.15s，之后故障恢复。图 4-13 和图 4-14 分别为对详细模型、单机等值模型和基于风速因子的四机等值模型在 PCC 点处的有功和无功功率曲线。

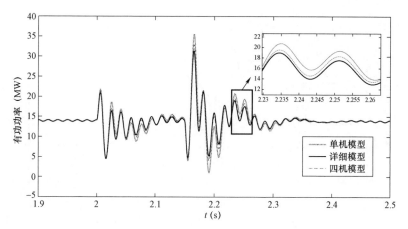

图 4-13　小风工况三相短路故障下风电场 PCC 点处有功功率曲线

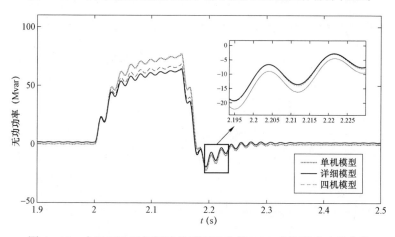

图 4-14　小风工况三相短路故障下风电场 PCC 点处无功功率曲线

从图 4-14 可以看出,基于风速因子的四机等值模型在小风工况三相短路故障下无论是有功功率还是无功功率都比单机等值模型更贴近详细模型、准确度更高,且在故障期间区别更加明显。相同情况下对以上三种模型在单相短路故障下进行仿真,PCC 点处的有功、无功功率曲线如图 4-15 和图 4-16 所示。

由图 4-15 和图 4-16 可知,小风工况下在 PCC 点处发生单相短路故障时,基于风速因子的四机等值模型的准确率仍明显高于单机等值模型,且在无功功率输出曲线上尤为明显。为了量化等值模型的误差,以详细模型为基准进行了误差分析,结果见表 4-4。

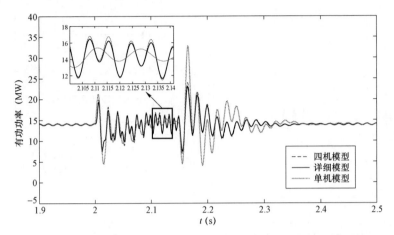

图 4-15 小风工况单相短路故障下风电场 PCC 点处有功功率曲线

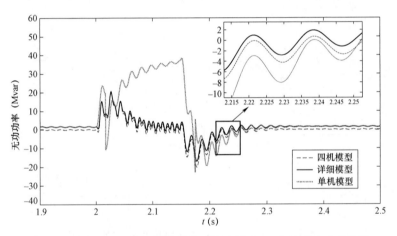

图 4-16 小风工况单相短路故障下风电场 PCC 点处无功功率曲线

表 4-4　　　　　　　小风工况下不同等值方法的误差比较

等值方法	故障类型					
	单相接地			三相接地		
	$E_p\%$	$E_q\%$	$E_n\%$	$E_p\%$	$E_q\%$	$E_n\%$
单机等值模型	6.38	36.51	21.445	3.79	14.68	9.235
基于风速因子的四机等值模型	1.17	2.65	1.91	1.05	4.21	2.63

由表 4-4 可得，在单相短路和三相短路故障下，采用基于风速因子的四机等值模型仿真后的有功和无功功率输出和详细模型的误差远小于单机模型和

详细模型的误差，从综合误差上来看，基于风速因子的四机等值模型比单机等值模型在单相和三相短路下误差分别下降了 91.09%和 71.52%，证明了所提方法的准确性和有效性。

　　从以上仿真结果可以看出，所建立的基于风速因子的多机等值模型无论是在大风还是小风工况下的短路故障输出曲线均十分贴近详细模型的输出曲线，具有很高的准确度，相较于单机等值模型在误差上有显著下降。

《第5章

柔性直流输电在海上风电并网中的应用

5.1 柔性直流输电概述

5.1.1 柔性直流输电的发展历程

高压直流（High Voltage Direct Current，HVDC）输电在远距离输电、海底电缆输电和区域互联等各项工程领域已得到广泛应用。截至 2020 年，已经有100 多个直流输电工程正式投入运营。在我国"西电东送，全国联网"的发展战略中，高压直流输电技术扮演着十分重要的角色。

由 Boon-Teck 等学者组成的研究团队于 1990 年首先提出了基于电压源型换流器（VSC）的高压直流输电这一概念。基于电压源型换流器的高压直流输电可以通过控制绝缘栅双极型晶体管（insulated gate bipolar transistor，IGBT）的开断，达到调节系统电压的目的，进而控制交流侧的功率大小。由此可见，基于 VSC 的高压直流输电可以起到功率传送和稳定电压的作用，有效克服了现有输电技术存在的许多问题，国内称之为柔性直流输电❶。

两电平或三电平换流器拓扑结构大多被应用于较早时期的柔性直流输电项目中，这种拓扑结构使得其在运行中存在谐波含量高、开关损耗大等不足，然而在目前的工程应用中对输电系统的容量水平和电压等级的要求却愈发严苛。因此，德国慕尼黑联邦国防军大学 R.Marquart 和 A.Lesnicar 在 2001 年共同提出了模块化多电平换流器（modular multilevel converter，MMC）拓扑，该拓扑结构首先将其中的子模块进行标准化，然后将其串联起来，进而实现高压、

---

❶ 徐政. 柔性直流输电系统. 北京：机械工业出版社，2013.

大容量化以及优异的谐波性能。当前，在清洁能源的输电方式中柔性直流输电应用愈加频繁，MMC 技术的研究使得柔性直流输电系统的运行特性得到大幅度优化。

柔性直流输电系统主要包括电压源换流器、桥臂电抗器、联结变压器、直流电容、输电线路、直流开关等设备，如图 5-1 所示。其中，换流站是柔性直流输电系统最主要的组成部分，根据其运行状态的不同，可以分为整流站和逆变站。

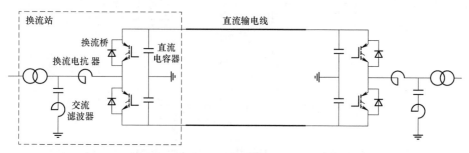

图 5-1　柔性直流输电基本原理图

5.1.2　柔性直流在海上风电中的应用

高压交流输电和柔性直流输电是目前海上风电并网的主要输电方式。高压交流输电技术具有技术成熟、价格低廉等优势，但受充电功率的限制，其输送距离一般在 80km 以内，因此只适用于近海风电场的接入；英国、丹麦等现有海上风电场离岸距离较近且规模较小，均采用基于高压交流输电的并网模式。柔性直流输电技术具有结构紧、环境影响小、控制灵活、不受输送距离制约等优势，在海上风电接入方面优势明显；德国、英国等已将其作为离岸距离较远的大规模海上风电场接入电网的主要技术[1]，如图 5-2 所示。在 2011 年 5 月，亚洲首个海上风电场柔性直流输电示范工程——上海南汇风电场完成建设[2]，实验表明该系统能有效提升风电场的低电压穿越能力以及弱交流系统对风电的接入能力，更加证明了柔性直流输电技术在海上风电接入方面的优势。

❶ 李岩，罗雨，许树楷. 柔性直流输电技术：应用，进步与展望. 南方电网技术，2015，9（001）：7-13.
❷ 乔卫东，毛颖科. 上海柔性直流输电示范工程综述. 华北电力，2011，039（007）：1137-1140.

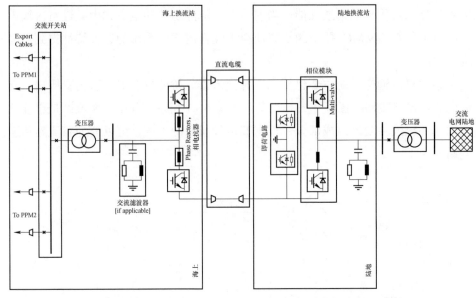

图 5-2 海上风电 VSC-HVDC 并网连接示意图

由于 VSC-HVDC 技术在海上风电接入方面的明显优势,该技术被公认为海上风电等可再生能源并网的最佳技术方案。世界上第一个采用柔性直流输电技术将海上风电场接入电网的工程是 BorWin 1 柔性直流输电工程,由 ABB 公司承建,2007 开工,2009 年 9 月投运。该工程用于将 Bard Offshore 1 风电场接入电网。Bard Offshore 1 风电场位于欧洲北海,离岸距离约 130km,装有 80 台 Bard5.0 的 5MW 风机,该风电场采用 36kV 交流电缆连接风力发电机,然后通过 Bard Offshore 1 风电场海上升压站将电压升到 155kV,再通过 1km 的 155kV 海底电缆与海上换流站 BorWin Alpha 相连接。BorWin 1 工程主要参数见表 5-1。

表 5-1 BorWin 1 工程主要参数

参数名称	参数值	参数名称	参数值
额定功率	40 万 kW	地下电缆长度	2×75km 线路
交流电压等级	154kV(海上 BorWin Alpha 变电站)380kV(内陆 Diele 变电站)	海底电缆长度	2×125km 线路
直流电压	±154kV		

欧洲采用柔性直流输电技术接入电网的主要海上风电场工程见表 5-2。

表 5 - 2　欧洲采用柔性直流输电技术接入电网的主要海上风电场工程

名称	BorWin1	BorWin2	HelWin1	DolWin1	SylWin1	HelWin2	DolWin2
投运时间（年）	2009	2013	2013	2013	2014	2015	2015
海上换流站地点	BorWin Alpha	BorWin Beta	HelWin Alpha	DolWin Alpha	SylWin Alpha	HelWin Beta	DolWin Beta
海上换流站交流电压（kV）	155	155	155	155	155	155	155
陆上换流站地点	Diele	Diele	Buettel	Doerpen	Buettel	Buettel	Doerpen
陆上换流站交流电压（kV）	380	380	380	380	380	380	380
直流电压等级（kV）	±150	±300	±250	±320	±320	±320	±320
海底电缆（km）	125	125	85	75	160	85	45
陆地电缆（km）	75	75	45	90	45	45	90
输送容量（MW）	400	800	576	800	864	690	900
设备供应商	ABB	西门子	西门子	ABB	西门子	西门子	ABB

5.2　海上风电柔性直流并网特点

作为当前工程领域的新型输配电技术，VSC - HVDC 以 IGBT 等全控电子器件进行控制，且采用脉宽调制技术，其良好性能体现在独立控制有功、无功功率，可连接弱交流系统或无源系统，不会增加交流系统的短路容量等，同时其安装与调试也相对方便快捷。以过往并网风电场项目的实际运行经验来看，柔性直流输电技术一方面能提高并网风电场接入容量，另一方面可有效减小风电场对系统稳定性以及电能质量等方面的不利影响。

VSC - HVDC 和 HVAC 之间不存在绝对的优劣，需要综合进行考量。输送功率及可靠性等相关运行指标在同一条件下，前者至多需要 2 根电缆，而交流输电则需要 3 根电缆，此外相较于交流电缆其成本相对较低。当输电距离较远时，存在某一距离两种输电方式造价成本一致，当大于该距离时，VSC - HVDC 比 HVAC 经济性更好，且距离越长经济性越明显。

5.2.1　柔性直流输电技术并网的优势

（1）交流侧不需要向其提供无功功率，不存在换相失败风险。相较于传统直流输电需加装大量的无功补偿装置以满足换流站无功功率消耗的需要，柔性直流输电换流站则不存在此需求。此外传统直流输电在电压支撑较弱的工况下，通常将会导致换相失败而产生的巨大风险，而这种情况在柔性直流技术中不会存在。

（2）运行于四象限内，可实现有功或者无功的独立控制。柔性直流输电能够作为 STATCOM 运行，补偿交流侧的无功功率，进而提高交流电压的稳定性。由此可见，对于只能运行于二象限的传统直流输电具有明显优势。

（3）谐波含量较小。相较于传统直流输电，柔性直流输电采用 PWM 调制技术，其开关频率在 2kHz 左右，较高的开关频率减小了直流系统产生的谐波，因此不需要专门配备滤波装置进行滤波。

5.2.2 柔性直流输电技术并网的局限性

（1）输送容量有限。一方面是直流输电系统中采用的 IGBT 器件和晶闸管相比过压过流能力较弱，容易因大电流而烧坏；另一方面现阶段的直流电缆制造工艺还未能有效地提高直流电压，这使得柔性直流输电的输送容量受到了进一步限制。

（2）直流故障穿越能力弱。在当前的项目建设中，柔性直流输电系统中由于 IGBT 元件反并联了二极管，因此不能对直流故障电流进行有效的阻断，无法穿越直流故障，使得其对在直流侧发生的故障无能为力，系统对于直流故障的穿越只能依赖于交流断路器动作断开交流系统，对故障的响应速度受到了一定的影响。

（3）开关损耗较大。柔性直流输电技术电子器件通过较高的开关频率，虽然降低了谐波畸变率，但电力电子器件的主要损耗集中在开关过程中，较高的开关频率造成的开关损耗也大幅增多。

5.3 柔性直流输电基本工作原理

5.3.1 电压源换流器

常见的电压源换流器有三种，分别是两电平换流器、二极管箝位三电平换流器以及模块化多电平换流器❶。

（1）两电平换流器。两电平换流器是应用于柔性直流输电中结构最简单的一种换流器，拓扑结构如图 5－3 所示。该换流器有三对桥臂，每个桥臂由多个可控关断型器件（IGBT）和与之反串联的二极管串联组成，个数取决于换流器的额定功率、电压等级和电力电子开关器件的通流能力与耐压强度。相对于接地点，两电平换流器每相可输出两个电平，即 $+U_{\text{dc}}/2$ 和 $-U_{\text{dc}}/2$。

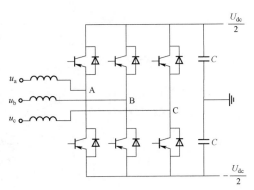

图 5－3 两电平换流器基本结构

（2）二极管箝位三电平换流器。二极管箝位三电平换流器结构相对复杂，拓扑结构如图 5－4 所示。中点钳位式三电平换流器同样有三对桥臂，每个桥臂由多个可控关断型器件（IGBT）和与之反串联的二极管串联组成。与两电平换流器相比，中点箝位三电平换流器在每相桥臂上增加两个二极管进行中点钳位，控制更加复杂，但开关频率相同时，中点箝位三电平换流器交流侧电压拥有更小的谐波含量和更快的响应速度。三电平换流器每相可以输出三个电平，即 $+U_{\text{dc}}/2$，0，$-U_{\text{dc}}/2$。

（3）模块化多电平换流器（MMC）。与两电平、三电平换流器相比，模块化多电平换流器（MMC）结构更加复杂，拓扑结构如图 5－5 所示。模块化多电平换流器每个桥臂采用了子模块级联的方式，由 N 个子模块和一个串联电抗器 L_0 组成，同相上下两个桥臂构成一个相单元。模块化多电平换流器每个桥臂接入子模块的数量可以通过开关器件的开通和关断来改变，因此可以更加灵活地控制换流器的功率和电压。两电平和三电平换流器采用 PWM 波逼近正弦波，模块化多电平换流器采用阶梯波来逼近，交流侧电压谐波含量更小。

---

❶ 蒋冠前，李志勇，杨慧霞，等. 柔性直流输电系统拓扑结构研究综述. 电力系统保护与控制，2015，000（015）：145－153.

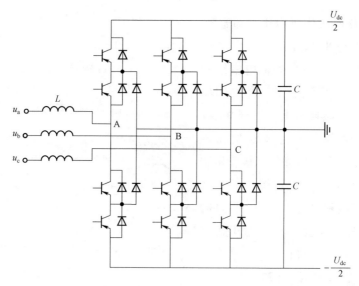

图 5-4　二极管箝位三电平换流器基本结构

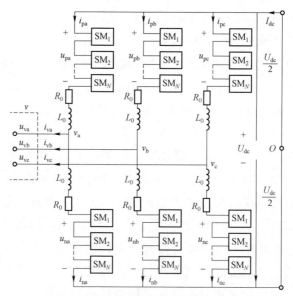

图 5-5　模块化多电平换流器的基本结构

　　模块化多电平换流器与传统两电平、三电平变流器结构整体相近，由三个单元组成，每个单元有上下两个桥臂，每个桥臂由若干个相同结构的子模块级联组成。不同之处在于模块化多电平换流器直流侧没有大电容来钳位电压，而是分成小电容存储在子模块内作为能量存储器件。相对于两电平和三电平换流器拓扑结构，模块化多电平换流器拓扑结构具有以下几个明显优势：

1）制造难度下降。不需要采用基于 IGBT 直接串联而构成的阀，这种阀在制造上有相当的难度，只有离散性非常小的 IGBT 才能满足静态和动态均压的要求，一般市售的 IGBT 是难以满足要求的，因而模块化多电平换流器拓扑结构大大降低了制造商进入柔性直流输电领域的技术门槛。

2）损耗成倍下降。模块化多电平换流器拓扑结构大大降低了 IGBT 的开关频率，开关器件的开关频率通常不超过 150Hz，而两电平和三电平换流器开关器件的开关频率通常在 1kHz 以上，这使模块化多电平换流器的损耗成倍下降。因为模块化多电平换流器采用阶梯波逼近正弦波的调制方式，理想情况下，一个工频周期内开关器件只要开关 2 次。

3）阶跃电压降低。由于模块化多电平换流器所产生的电压阶梯波的每个阶梯都不大，MMC 桥臂上的阶跃电压（$\mathrm{d}u/\mathrm{d}t$）和阶跃电流（$\mathrm{d}i/\mathrm{d}t$）都比较小，从而使得开关器件承受的应力大为降低，同时也使产生的高频辐射大为降低，容易满足电磁兼容指标的要求。

4）波形质量高。由于模块化多电平换流器采用阶梯波逼近正弦波，通常电平数很多，所输出的电压阶梯波已非常接近于正弦波，波形质量高，各次谐波含有率和总谐波畸变率比较小，不需要在交流侧安装滤波器。

5）故障处理能力强。由于模块化多电平换流器每个桥臂由多个子模块组成，当一个子模块出现故障时，可以由冗余的子模块替换故障子模块，并且通过控制可以在不停电的前提下完成子模块的替换，大大提高了换流器工作的可靠性；另外，模块化多电平换流器的直流侧没有高压电容器组，并且桥臂上的限流电抗器与分布式的储能电容器相串联，从而可以直接限制内部故障或外部故障下的故障电流上升率，使故障的清除更加容易。

5.3.2　MMC 运行原理

分析 MMC 子模块工作状态是研究 MMC 的必须途径。子模块对应的三种开关状态如图 5-6 所示。

（1）投入状态。图 5-6（a）、（b）为子模块投入状态电流示意图，正常状态下子模块 T1 和 T2 不允许同时导通，假设充电状态电流方向为从 a 到 b，子模块电流 $i_{\mathrm{sm}}>0$，电流只能经过 D1 流经电容 C，如图 5-6（a）所示，理想状态下忽略器件损耗和电压降落，子模块输出电压为 u_{c0}；当子模块电流 $i_{\mathrm{sm}}<0$

时，子模块处于放电状态，如图 5-6（b）所示，电流通过上桥 T1 流通，电容 C 从 a 口放电。

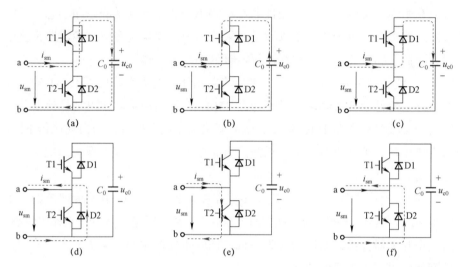

图 5-6　MMC 子模块对应的三种开关状态

（2）闭锁状态。图 5-6（c）、（d）为子模块闭锁状态，功率器件全部关断成为闭锁状态，当子模块电流 $i_{sm}>0$ 时，电流只能通过 D1 向电容充电，随着充电时间变长，电容持续充电，此时输出电压与电容电压相同，可能会造成子模块击穿；当子模块电流 $i_{sm}<0$ 时，电容被旁路，但是流过电流容易造成二极管热损坏。

（3）旁路状态。图 5-6（e）、（f）为子模块旁路状态，当子模块电流 $i_{sm}>0$ 时，电流通过 T2 导通；当子模块电流 $i_{sm}<0$ 时，电流通过 D2 导通。旁路状态子模块输出电压为 0。

5.3.3　MMC 的数学模型

由 5.3.2 小节可知，MMC 子模块投入切除直接影响桥臂电压，因此利用开关函数来表达子模块开关状态

$$S_{ji}=\begin{cases}1\\0\end{cases} \tag{5-1}$$

式中：j（$j=a$，b，c）代表 MMC 第 j 相；$i=1$，2，$\cdots$，表示桥臂 N 个子模块中的第 i 个；S_{ji} 为 1 时表示 T_1 开通，T_2 关断，表示子模块投入，S_{ji} 为 0 时表示

T_1 关断，T_2 开通，表示子模块切出。

用开关函数表述子模块电流电压为

$$\begin{cases} S_{jPi}i_{jp} = C_0 \dfrac{\mathrm{d}u_{c0jpi}}{\mathrm{d}t} \\[3mm] S_{jni}i_{jn} = C_0 \dfrac{\mathrm{d}u_{c0jni}}{\mathrm{d}t} \end{cases} \tag{5-2}$$

$$\begin{cases} u_{smjpi} = S_{jpi}u_{c0jpi} \\[2mm] u_{smjni} = S_{jni}u_{c0jni} \end{cases} \tag{5-3}$$

式中：p、n 代表 MMC 一相的上下桥臂。

联立式（5-2）、式（5-3）将上下桥臂所有子模块电压整理后可得开关函数下桥臂电流

$$\begin{cases} i_{jp} = \dfrac{C_0}{\displaystyle\sum_{i=1}^{N}S_{jpi}} \dfrac{\mathrm{d}u_{sumjp}}{\mathrm{d}t} \\[6mm] i_{jn} = \dfrac{C_0}{\displaystyle\sum_{i=1}^{N}S_{jni}} \dfrac{\mathrm{d}u_{sumjn}}{\mathrm{d}t} \end{cases} \tag{5-4}$$

式中：u_{sumjp}、u_{sumjn} 为上下桥臂所有子模块电容电压和。

而 u_{sumjp}、u_{sumjp} 又可以表示为

$$\begin{cases} u_{jp} = \displaystyle\sum_{i=1}^{N}(S_{jpi} \cdot u_{c0jpi}) \\[5mm] u_{jn} = \displaystyle\sum_{i=1}^{N}(S_{jni} \cdot u_{c0jni}) \end{cases} \tag{5-5}$$

根据图 5-4，结合基尔霍夫定律得

$$\begin{cases} u_{jp} = \dfrac{u_{dc}}{2} - \left(R_0 i_{jp} + L_0 \dfrac{\mathrm{d}i_{jp}}{\mathrm{d}t}\right) + \left(R_s i_{sj} + L_s \dfrac{\mathrm{d}i_{sj}}{\mathrm{d}t}\right) - u_{sj} \\[5mm] u_{jn} = \dfrac{u_{dc}}{2} - \left(R_0 i_{jn} + L_0 \dfrac{\mathrm{d}i_{jn}}{\mathrm{d}t}\right) + \left(R_s i_{sj} + L_s \dfrac{\mathrm{d}i_{sj}}{\mathrm{d}t}\right) - u_{sj} \end{cases} \tag{5-6}$$

$$\begin{cases} i_{jp} = -\dfrac{i_{sj}}{2} - \dfrac{1}{3}i_{dc} \\[4mm] i_{jn} = \dfrac{i_{sj}}{2} - \dfrac{1}{3}i_{dc} \end{cases} \tag{5-7}$$

从而得到 MMC 交直流侧电压

$$\begin{cases} u_{sj} = \dfrac{u_{jn} - u_{jp}}{2} + \left(R_s + \dfrac{R_0}{2} \right) i_{sj} + \left(L_s + \dfrac{L_0}{2} \right) \dfrac{\mathrm{d}i_{sj}}{\mathrm{d}t} \\ u_{dc} = u_{pj} + u_{nj} + R_0(i_{pj} + i_{nj}) + L_0 \dfrac{\mathrm{d}(i_{pj} + i_{nj})}{\mathrm{d}t} \end{cases} \tag{5-8}$$

为简化公式，定义

$$\begin{cases} e_j = \dfrac{u_{jn} - u_{jp}}{2} \\ R = R_s + \dfrac{R_0}{2} \\ L = L_s + \dfrac{L_0}{2} \end{cases} \tag{5-9}$$

式中：e_j 为 MMC 内部虚拟电动势。

定义 i_{diffj} 为换流器内不平衡电流

$$i_{\mathrm{diffj}} = \frac{i_{jp} + i_{jn}}{2} \tag{5-10}$$

桥臂不平衡电压为

$$u_{\mathrm{diffj}} = R_0 i_{\mathrm{diffj}} + L_0 \frac{\mathrm{d}i_{\mathrm{diffj}}}{\mathrm{d}t} \tag{5-11}$$

联立式（5-8）、式（5-9）、式（5-11）可得 MMC 上下桥臂电压和交流侧电压简化公式

$$\begin{cases} u_{sj} = e_j + R i_{sj} + L \dfrac{\mathrm{d}i_{sj}}{\mathrm{d}t} \\ u_{jp} = \dfrac{1}{2} u_{dc} - e_j - u_{\mathrm{diffj}} \\ u_{jn} = \dfrac{1}{2} u_{dc} + e_j - u_{\mathrm{diffj}} \end{cases} \tag{5-12}$$

5.3.4 MMC 的基本控制

MMC 的数学模型表明其控制特性与子模块电压波动关联紧密，而子模块电容电压与桥臂电流相互耦合，是产生内部环流的原因，因此 MMC 的内部特性比两电平、三电平变换器更复杂。MMC 的基本控制策略，例如锁相环控制、

电流内环控制、电压/功率外环控制与两电平、三电平变换器基本一致，不同之处在控制方法上主要体现在子模块均压与调制以及环流控制策略上❶❷。

（1）锁相环控制。锁相环将连接变压器阀侧母线处测得的三相交流电压转化为基于时间的相角值，来用于换流器的控制，其输出值在稳态时等于系统交流电压的相角。

锁相环输入三相电网电压瞬时值 U_{abc}，三相瞬时电压经 clarke 变换为两相静止坐标系下的电压 U_α、U_β，再经过 park 变换将两相静止坐标系下的电压变换为两相旋转坐标系下的电压 U_q，U_q 经 PI 调节即比例积分环节得到角频率误差$\Delta\omega$，$\Delta\omega$ 再加上中心角频率 ω_0（100π）得到角频率 ω，角频率积分得到相位测量值 θ。具体原理如图 5-7 所示。

$$\begin{cases} U_\alpha = \dfrac{1}{3}[2U_a - (U_b + U_c)] \\[2mm] U_\beta = \dfrac{1}{\sqrt{3}}(U_b - U_c) \end{cases} \tag{5-13}$$

$$\theta_k = \theta_{k-1} + (\Delta\omega + 100\pi)t_s \tag{5-14}$$

式中：θ 为 PLL 输出的相角

$$\Delta\omega = (U_\beta\cos\theta - U_\alpha\sin\theta)\left(K_p + \dfrac{1}{T_i s}\right) \tag{5-15}$$

式中：t_s 为计算采样时间。

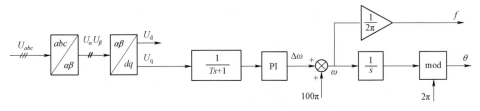

图 5-7　锁相环原理图

图 5-7 中 $1/(T_s+1)$ 为低通滤波，f 为计算得到的电网频率，PI 参数根据测试过程中输出结果调整确定。

（2）定有功功率控制。换流器运行在定有功功率控制模式下时，控制系统

❶ 郑超，盛灿辉，魏强. VSC-HVDC 输电系统的电磁暂态建模与仿真. 高电压技术，2007（11）：99-104.

❷ 孙文博，徐华利，付媛. 应用于大型风电基地功率外送的多端直流输电系统协调控制. 电网技术，2013，37（6）：1596-1601.

根据有功功率参考值来控制换流器与交流系统交换的有功功率。

换流器接到控制系统传来的功率给定值 P_{ref} 后,将其与测得的功率实际值进行比较,将两者的误差经 PI 调节即比例积分环节后得到有功电流的参考值。为防止信号的阶跃给系统带来的冲击,经 PI 调节之后的信号需要经斜坡函数处理限幅后作为有功电流的最终给定值。功率控制环输出的有功电流参考值将作为电流内环的输入用于换流器的控制。具体控制原理如图 5-8 所示。

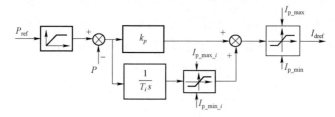

图 5-8 有功功率外环控制结构

(3)定直流电压控制。换流站运行在定直流电压控制模式下时,控制系统根据直流电压参考值来控制直流线路电压的稳定。

换流器接到控制系统传来的直流电压给定值 $V_{\text{dc\_ref}}$ 后,将其与测得的直流电压实际值进行比较,将两者的误差经 PI 调节即比例积分环节后得到有功电流的参考值。为防止信号的阶跃给系统带来的冲击,经 PI 调节之后的信号需要经斜坡函数处理后作为有功电流的最终给定值。功率控制环输出的有功电流参考值将作为电流内环的输入用于换流器的控制。具体控制原理如图 5-9 所示。

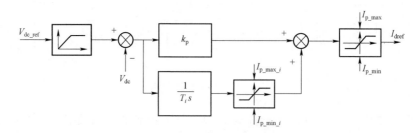

图 5-9 直流电压外环控制结构

对于受端换流站,一般采用定电压控制策略。

(4)无功功率控制。换流器运行在定无功功率控制模式时,控制系统根据无功功率参考值来控制换流器与交流系统交换的无功功率。

系统需要根据不同的运行情况,调节换流器与交流系统交换的无功功率。

换流器接到控制系统传来的无功功率给定值 Q_{ref} 后，将其与测得的无功功率实际值进行比较，将两者的误差经 PI 调节器计算，经限幅后作为无功电流参考值。为防止信号阶跃给系统带来的冲击，经 PI 调节之后的信号需要经斜坡函数处理后作为无功电流的最终给定值。功率控制环输出的无功电流参考值将作为电流内环无功电流的给定值用于换流器的控制。为优先满足有功功率需求，需要对无功功率的给定值做限幅，限幅值上下限为 $\pm\sqrt{S^2-P^2}$。其中 S 为额定功率，P 为实际有功功率，具体控制原理如图 5－10 所示。

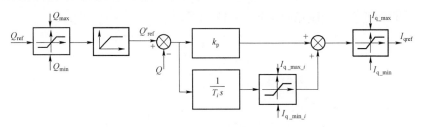

图 5－10　无功功率外环控制结构

对于受端换流站和送端换流站，均可根据需要采用无功功率控制策略。

（5）电流内环控制。电流内环控制快速跟踪外环控制得到的有功、无功电流的参考值 I_{dref} 和 I_{qref}，来控制换流器交流侧电压的幅值和相位。内环控制主要包括内环电流控制、负序电压抑制环节，采用 2 倍基波的陷波器将消除 2 次谐波后的给定值作为电流内环控制的参考值。换流器将功率控制环输出的电流参考值与测得的电流实际值进行比较，将两者的误差经 PI 调节即比例积分环节后得到电压参考值，再采用前馈解耦控制方法计算得到 d、q 轴电压最终的参考值，最后经 park 反变换得到三相电压参考值，经 PWM 调制之后得到控制换流器 6 个桥臂开关器件的指令信号，具体控制原理如图 5－11 所示。

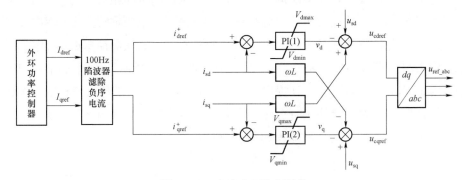

图 5－11　电流内环控制结构

（6）定频率控制。当柔性直流输电系统处于孤岛运行方式时，如果送端换流站的控制策略仍采用定有功功率控制，则送端系统有功功率将会过剩，这将导致风电场交流系统的频率持续上升。为了保证系统的稳定运行，送端换流站通常采用定频率控制和定交流电压控制来维持送端交流系统的频率和交流电压的稳定。送端换流器接到控制系统传来的电压幅值（V_{ref}）和频率（f_{ref}）指令信号，以定 V/f 模式控制换流器运行。交流电压控制环节产生交流调制电压的幅值，频率控制环节产生交流调制电压的相角，再经过坐标变换得到换流器三相电压的参考值，控制策略如图 5-12 所示。

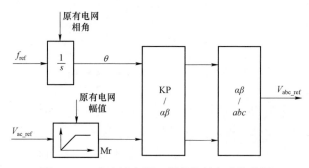

图 5-12　定交流电压-频率控制方式结构图

（7）MMC 的电容均压控制。对于高压直流输电应用，桥臂子模块数一般为数百个，由于电平数较多，一般采用最近电平逼近调制，即桥臂选取若干子模块电压直接输出来逼近当前目标输出电压，桥臂输出电压波形为阶梯形，波形质量随电平数增加而提高。最近电平逼近调制通过设计选取桥臂子模块方式实现子模块均压控制，子模块的开关频率与均压控制策略相关。每个均压控制周期中需要对子模块电容电压进行排序，根据排序结果确定哪些子模块需要进行投切，因此排序算法是子模块均压控制的核心。以算法最简单的冒泡排序为例，其算法复杂度为 O（n_2），因此对于子模块数量较高的高压直流输电应用，计算量较为庞大，对硬件设计提出了巨大挑战。因此，对于超大规模的 MMC，一般在桥臂内部对子模块进行分组，在各组中对子模块电容电压进行排序，从而减少整体运算量，其控制流程如图 5-13 所示。

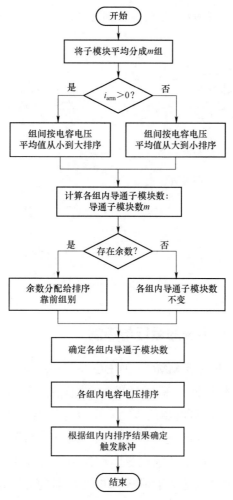

图 5-13　MMC 子模块分组排序均压控制

（8）MMC 的环流控制。MMC 的内部环流会增加变换器损耗，影响子模块电容电压波动，进而对外部特性造成影响，所以在常规稳态控制中都需要采用一定的环流抑制控制策略。MMC 的环流以两倍频分量为主，由子模块电容电压波动耦合到桥臂输出电压中产生环流电压，环流电压经三相桥臂的环流通路形成电流，因此通过增大桥臂电抗就能起到一定的环流抑制效果，但通过对桥臂电压的控制能够从本质上消除环流。图 5-14 给出两种环流抑制控制策略，基本控制思路是从桥臂电流中提取环流分量，并通过反馈控制叠加到桥臂输出电压中，从而动态消除环流电压，图 5-14（a）和（b）分别表示采用 dq 旋转坐标系与静止坐标系下的环流提取与抑制方法。

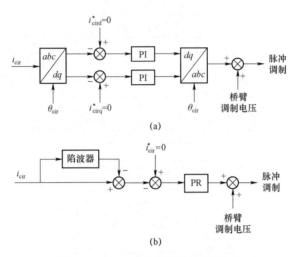

图 5－14　MMC 环流抑制控制策略

5.3.5　风电场柔直系统的运行与控制

图 5-15 表示风电场经 MMC－HVDC 并网系统中换流站的控制策略。风电场在 PCC 点的对外特性体现为功率源或电流源，送端 MMC 换流器的功能是维持 PCC 电压，吸收风电场的有功功率，并提供无功支撑。图 5-15（a）中，送端换流站的电压控制建立在恒定频率的 dq 坐标系下，通过 PI 调节器对交流电压进行闭环控制，要求电压闭环控制具有较快的响应速度，使 PCC 电压在各种工况下维持稳定，有利于风电变流器的并网运行。送端换流站需要根据输入的有功功率对直流输出电流进行控制，通过对直流输出电压的调整来控制直流电流。

风电功率经直流线路输送后由受端换流站逆变到交流电网，控制方式如图 5-15（b）所示。受端换流站在直流侧控制直流电压稳定，交流侧的并网电流控制与一般并网逆变器类似，即基于电网电压定向对并网电流进行闭环控制，并网电流的有功电流指令通过对直流输入功率检测计算得到，由于 MMC 换流器具有较多的电平数，MMC 并网电流具有较高的质量，谐波含量很小，这是 MMC 的一大技术优势。由于 MMC 具有完整的四象限运行能力，从系统控制层面，受端 MMC 换流站还能够实现向电网提供无功补偿、惯量支撑等控制功能。

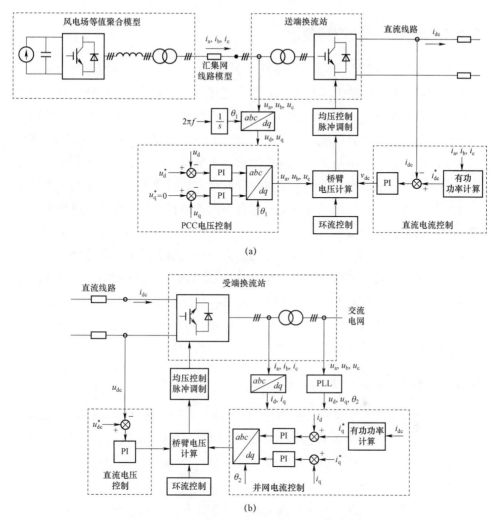

图 5 - 15　MMC - HVDC 换流站控制策略

（a）送端换流站控制；（b）受端换流站控制

5.4　柔性直流输电并网对风电场的要求

　　海上风电的传输系统由柔性直流输电系统代替交流输电系统并网时对风电场有较多的要求，主要需考虑四个方面，即电压和无功要求、有功和频率控制要求、保护与故障穿越要求以及电能质量要求。

5.4.1　电压和无功控制要求

通过 VSC-HVDC 连接到传输网络的 WPP 可提供大范围的无功功率控制选项。VSC-HVDC 的无功功率能力在直流链路的两侧被独立控制，对一端的影响不会在连接在远端的 AC 网络上传播。这可能会使海上和陆上的无功功率和电压控制要求独立且不同。对于电网规范无功功率要求，VSC-HVDC 连接的 WPP 能够快速控制与传输系统的无功功率交互。在广泛的操作范围内进行快速控制是可行的。直流链路和滤波器开关用于控制净无功功率交换和变换器高压总线电压。同样在海上换流站，也有相同的固有能力，因此应用在离岸连接点时，可能会减少或消除 WPP 上的无功功率要求。然而，这受制于国家法律或网络规范，因为发电机通常要求提供滞后和超前的功率因数范围。

海上互连的最低要求是充分补偿 WPP 收集器中压 AC（MVAC）电缆网络和 AC 收集器网络与 VSC-HVDC 海上转换器平台之间的 HVAC 电缆的总充电量。AC 电缆的充电不应导致海上电压网络超出允许的电压范围。断路器和电缆的类型和数量的选择直接受到允许的电压和无功功率交换的影响。

5.4.2　有功和频率控制要求

最相关的要求主要是有功功率控制、功率爬坡速率控制、一次和二次调频、生产设定点变化以及设备的启动和关闭等。例如，在 Eirgrid Grid 代码中，作为可用功率的百分比，有功功率设定点可以从 15%～100%变化，每分钟额定风机容量从 1%～100%变化。

随着 WPP 数量的增加，在规划和开发需求和系统服务时考虑其控制能力可能是有益的。在这种情况下，应该开发电厂控制器，使外部控制输入信号根据需要改变电站输出功率。此外，还可以根据系统及其控制特性来实现自动频率控制和功率振荡阻尼控制功能。

有源功率控制和频率响应也是 VSC-HVDC 连接 WPP 的强制要求。使用 DC 连接 WPP 的频率响应可能需要在陆上 AC 网络和离岸 WPP 之间的电信链路。

5.4.3　故障穿越要求

故障穿越要求是开发之初就提出的一种提高系统稳定性的机制。在系统低电压干扰期间，各个发电机受到额外的应力，这经常导致发电机故障穿越困难。

因为这些应力可能会导致内部保护被激活，以防止可能损坏 WTG 的应力。

以上是交流连接 WPP 的情况，其中交流电网附近的故障将穿透到 WPP 的连接点。对于在定子和电网之间具有电耦合的发电机技术（例如 DFIG），这种传播会对 WTG 施加额外的机械应力。对于 VSC-HVDC 连接 WPP 或全功率变频 WTG 的情况，当 WTG 通过其内部 DC 链路与主电网隔离时，机械应力会有所降低。此外，在故障条件下，直流变换器有助于为传输系统提供无功功率。

通过 VSC-HVDC 连接的 WPP 对系统干扰的响应主要取决于控制功能和电力电子转换器的特性。HVDC 转换器具有独特的特性，并提供不同于传统同步发电机的故障电流签名图。对于岛状同步系统（例如爱尔兰和英国），在电压骤降期间，优先考虑有功电流；而对于较大的系统，优先考虑无功电流，以保持本地电压，从而降低电压骤降的传播并提高暂态稳定性。使用 HVDC 转换器，控制灵活性可用于提供贡献。通常，互连研究可以在确定系统的适当的干扰后恢复性能。

在直流链路的电网连接点处，大的交流电压骤降将导致输送到岸上交流系统的有功功率显著降低。这将在直流链路的直流侧产生瞬态直流过电压和多余能量，并可以通过直流斩波器消散，以便减小风力发电机上的应力并维持来自风力发电机组的恒定功率输出。在故障期间，直流斩波器被激活。一旦直流斩波器被激活，它将限制直流电压，从而允许风力发电机组继续发电，直到故障清除并且全部有功功率传输重新建立到电网。一些制造商选择根据空间要求将直流斩波器安装在陆上换流站附近或其上。

关于海上故障穿越能力，许多要求承认，对于陆上传输系统中的电压扰动，与通过 AC 链路连接相比，通过直流链路连接的海上发电机在海上连接点可能看不到相同的甚至更小的电压偏差。但是，通过标准强制执行故障穿越仍然是有效的，这主要是由于高压直流输电将在海上电网电压中发挥关键作用。在此类事件期间应考虑所有电压瞬间升高或跌落。另外，由于海上中压或高压电缆出现故障，希望部分海上系统可以恢复。VSC-HVDC 和 WPP 故障穿越要求应基于 WPP 看到的负载减少，这是由于直流链路在陆上故障条件下无法将全功率传输到岸上系统。

综上所述，柔性直流输电系统的故障穿越和风机的故障穿越均应该考虑。

5.4.4 电能质量要求

谐波性能应在转换器站、收集器网络和 WPP 连接之前进行评估。对于大多数网络运营商而言，与 WPP 模块相连的 VSC–HVDC 被认为是一个复杂的连接。风力发电机造成的波形失真相当低。根据现场经验，WPP 由于谐波电流注入而出现谐波问题的情况是非常罕见的。主要的谐波问题通常是由于共振条件造成的，由于输出和/或阵列电缆网络，可能会发生背景谐波放大（在电网背景或通电事件期间），WTG 产生的失真能量相当低，但累积效应及其与电网的相互作用应根据具体情况进行评估。

集电系统和 WTG 变压器是产生谐波的重要部分。一个现实的分析失真评估应该包括适当的风力发电机组模型和确定共振情况的电网条件。这种评估可用于设计或验证合适的风电场平衡（BoP）或适应现有设计以减轻失真问题。

因此，电能质量评估中应充分考虑集电系统和风机箱式变压器，甚至是机组模型，其对谐波有很大的吸收作用。

由此可见，大规模海上风电场经柔性直流接入电网时，对系统的稳定性与电能质量的影响是不可忽视的，这些问题处理不当不仅会危害用户的正常用电，甚至会造成整个电网的瓦解，而且也严重制约了风能的有效利用，限制了风电场的建设规模。

第6章 》

柔性直流并网系统建模及特性分析

6.1 柔性直流输电系统及其控制

海上风电场输出功率存在一定的波动性。因此海上风电经柔性直流输电系统接入电网的一个工作是通过合理地设计直流系统的控制策略来维持风电场侧交流系统电压和频率的稳定。图6-1是应用于海上风电场接入电网的柔性直流输电系统拓扑结构图以及相对应的控制策略。左端 VSC 连接风电场，通过给定 dq 轴电压分量和频率控制送端系统的交流电压，从而为风机提供稳定的交流电源，它的控制目标是维持风电场侧交流系统电压和频率的稳定。右端 VSC 连接电网，通过给定 dq 轴直流电压和无功功率控制直流系统的电压和通过直流系统传输的无功功率，它的控制目标是维持直流线路电压稳定❶。直流侧线路采用直流电缆。

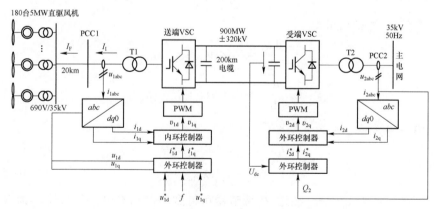

图6-1 柔性直流输电控制系统

---

❶ 赵岩，胡学浩，汤广福. 模块化多电平变流器 HVDC 输电系统控制策略. 中国电机工程学报，2011，31（025）：35－42.

6.2 关键控制模块及建模

6.2.1 风电场侧换流器的控制策略

风电场侧 VSC 的一个主要目标就是为海上风电场提供稳定的交流电压。假设风电场侧 VSC 交流侧安装的滤波器为 RLC 结构，其拓扑结构如图 6−2 所示，其中 R、L 为换流变压器的等效电阻和等效电感。

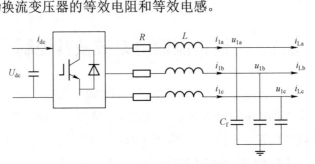

图 6−2 风电场侧 VSC 拓扑图

为了控制风电场侧 VSC 输出的交流电压的幅值和频率，需要控制交流电压的 d、q 轴分量以及同步相角 $\theta_\mathrm{s} = 2\pi f t$，由图 6−2 可得到如下电压方程

$$C_\mathrm{f} \frac{\mathrm{d}u_1}{\mathrm{d}t} = i_1 - i_\mathrm{L} \tag{6−1}$$

经过 dq 变换后可得

$$C_\mathrm{f} \frac{\mathrm{d}u_{1\mathrm{d}}}{\mathrm{d}t} = C_\mathrm{f}(\omega u_{1\mathrm{q}}) + i_{1\mathrm{d}} - i_{L\mathrm{d}} \tag{6−2}$$

$$C_\mathrm{f} \frac{\mathrm{d}u_{1\mathrm{q}}}{\mathrm{d}t} = -C_\mathrm{f}(\omega u_{1\mathrm{d}}) + i_{1\mathrm{q}} - i_{L\mathrm{q}} \tag{6−3}$$

由上述方程，定义如下变量

$$i_{1\mathrm{d}}^* = u_\mathrm{d} - C_\mathrm{f}(\omega u_{1\mathrm{q}}) + i_{L\mathrm{d}} \tag{6−4}$$

$$i_{1\mathrm{q}}^* = u_\mathrm{q} - C_\mathrm{f}(\omega u_{1\mathrm{d}}) + i_{L\mathrm{q}} \tag{6−5}$$

式中：u_d、u_q 为 $u_{1\mathrm{d}}$、$u_{1\mathrm{q}}$ 经过 PI 调节器后得到的控制输出量；$i_{1\mathrm{d}}^*$、$i_{1\mathrm{q}}^*$ 为内环电流控制器的电流参考值输入量；C_f 为滤波电容。这里采用电压矢量定向控制，$u_{1\mathrm{d}} = u_1$；$u_{1\mathrm{q}} = 0$，因此有 $u_{1\mathrm{d}}^* = u_1$、$u_{1\mathrm{q}}^* = 0$。对于内环控制器需要满足以下方程

$$u_{1d} = Ri_{1d} + L\frac{di_{1d}}{dt} - \omega Li_{1q} + u_1 \qquad (6-6)$$

$$u_{1q} = Ri_{1q} + L\frac{di_{1q}}{dt} - \omega Li_{1d} \qquad (6-7)$$

式中：R、L 为换流变压器的等效电阻、电感；ω 为同步旋转坐标系的角频率，即风电场集电系统交流母线频率。

风电场侧 VSC 采用双闭环（电流内环、电压外环）的控制策略，来维持风电场集电系统交流母线电压和频率的稳定，具体控制方式如图 6-3 所示。风电场集电系统相当于一个平衡节点，将海上风电场输出的功率全部通过柔性直流输电系统传输到陆上交流电网，不对传输的功率进行调节。由于风电机组的换流器采用基于电网电压定向的矢量控制，因此需要风电场集电系统交流母线电压和频率保持稳定。

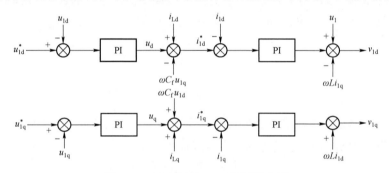

图 6-3　风电场侧 VSC 控制策略图

在 PSCAD 中，风电场侧换流器的控制模型如图 6-4 所示。

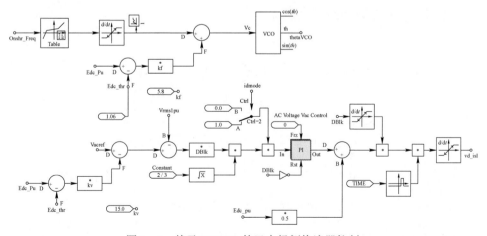

图 6-4　基于 PSCAD 的风电场侧换流器控制

6.2.2 电网侧换流器的控制策略

电网侧 VSC 采用基于电网电压定向的双闭环（电流内环、电压外环）矢量控制策略，来控制并网柔性直流输电系统直流线路电压和直流系统传输的无功功率，控制方式与风电场侧 VSC 类似。

$$u_{gd} = R_g i_{gd} + L_g \frac{di_{gd}}{dt} - \omega_1 L_g i_{gq} + u_{gcd} \tag{6-8}$$

$$u_{gq} = R_g i_{gq} + L_g \frac{di_{gq}}{dt} + \omega_1 L_g i_{gd} + u_{gcq} \tag{6-9}$$

式中：u_{gd}、u_{gq} 分别为电网电压的 d 轴、q 轴分量；u_{gcd}、u_{gcq} 分别为网侧变流器电压的 d 轴、q 轴分量；i_{gd}、i_{gq} 分别为网侧变流器电流的 d 轴、q 轴分量。

网侧变流器与电网之间的有功功率和无功功率可以由下式给出

$$\begin{cases} P_g = \dfrac{3}{2}(u_{gd} i_{gd} + u_{gq} i_{gq}) \\ Q_g = \dfrac{3}{2}(u_{gq} i_{gd} - u_{gd} i_{gq}) \end{cases} \tag{6-10}$$

在网侧变流器采用电压定向控制的情况下，电网和网侧变流之间的有功功率和无功功率分别与 i_{gd} 和 i_{gq} 成比例。表达式如下

$$\begin{cases} P_g = \dfrac{3}{2} u_{gd} i_{gd} \\ Q_g = -\dfrac{3}{2} u_{gd} i_{gq} \end{cases} \tag{6-11}$$

具体的控制策略如图 6-5 所示。

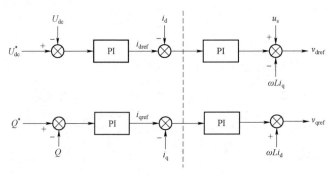

图 6-5 网侧 VSC 控制策略

在 PSCAD 中，电网侧换流器的控制模型如图 6-6 所示。

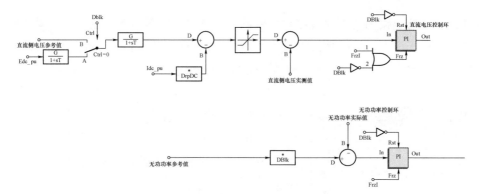

图 6-6　基于 PSCAD 的电网侧换流器控制

6.2.3　直流侧卸荷电路

在受端交流电网发生故障的情况下，直流线路送端和受端将出现功率差额，并随故障的持续而不断积累，导致直流侧电压升高。基于斩波电阻的卸荷电路是消耗功率差额的有效手段。卸荷电路有传统式卸荷电路、新型模块化卸荷电路以及多电平集中式卸荷电路❶❷。

卸荷电路法是一种典型的故障穿越策略，通过在直流线路上并联卸荷电阻来消耗多余的能量，使直流线路两端功率达到平衡。传统的集中式卸荷电路会造成较大的功率波动，影响系统故障穿越性能。模块化多电平卸荷电路参考了模块化多电平换流器的设计思路，能够实现更加平滑地消耗直流线路上的多余能量，减小功率的波动，但这种设计需要配合建立分布式的电阻冷却系统，导致设备的体积与成本增加。多电平集中式卸荷电路采用全桥结构的换流桥臂与集中式卸荷电阻构成的卸荷电路，使其既具有多电平电路的优点，又避免了分布式电阻的散热复杂性问题。

另一方面，如果柔性直流输电系统故障穿越策略只是单纯采用依靠卸荷电路，则卸荷电路功率最高将接近系统的额定有功功率，不仅会造成极大的能量损失，还会增加卸荷设备的体积与成本，带来严重的散热问题。对此，本书进一步提出了在故障期间通过改进风电场侧换流器控制策略以降低风电场输出，

---

❶ 李琦，宋强，刘文华. 基于柔性直流输电的风电场并网故障穿越协调控制策略. 电网技术，2014，38（7）.

❷ Meer D，Hendriks R L，Kling W L. Combined stability and I Me ew king electro-magnetic wwew transients simulation of offshore wind power connected through ti multi-temminal VSC-HVDCIC//Power & Energy Society General Meeting. IEEE，2010.

并结合卸荷电路消耗直流线路功率差额的协调故障穿越策略，这样可以避免卸荷设备过于庞大，同时使海上风电场能在规定电压范围内完成故障穿越，这将

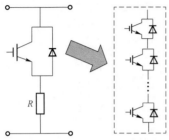

图 6-7 传统卸荷电路拓扑

在后面章节进行阐述。

1. 传统卸荷电路

传统卸荷电路的拓扑如图 6-7 所示，R 为集中式卸荷电阻，具体取值根据所需消除的功率差额而定。这种电路通常需要大量开关器件串联。

传统卸荷电路采用集中式卸荷电阻，其取值按照最大故障情形来设定，即在故障时将直流系统传输的功率全部以热量的形式消耗。

$$R_i = U_{\text{dcmax}}^2 / P_{\text{dif}} \qquad (6-12)$$

式中：P_{dif} 为需要平衡的最大有功功率差额；U_{dcmax} 为故障期间直流电压的控制目标值，一般设计为 1.05p.u.（考虑直流侧保护限值一般为 1.10p.u.）。

当直流电压超过设计阈值 U_{thr} 时，卸荷电路被触发开启。传统卸荷电路控制框图如图 6-8 所示。

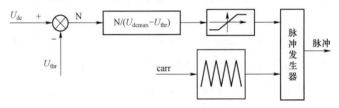

图 6-8 传统卸荷电路控制框图

2. 模块化卸荷电路

模块化多电平换流器目前已经成为柔性直流输电系统最主要的拓扑结构。与模块化多电平换流器的思想类似，新型模块化卸荷电路拓扑如图 6-9 所示，由一系列串联的子模块（Sub-Module，SM）构成，每个子模块对应一个单独的卸荷电阻 R。当子模块中的 IGBT 导通时，该子模块电阻投入并消耗有功功

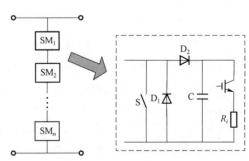

图 6-9 模块化卸荷电路拓扑

率。通过控制投入的子模块数目，即可连续调节卸荷电路所消耗的功率，实现相对平滑的工作特性，易于适应各种不同程度的故障，同时也可以避免开关器件的直接串联。子模块数目越多，功率调节特性越平滑。子模块中二极管 D_1，主要作用为防止 SM 反接使电容承受反压而损坏；二极管 D_2 则将放电回路限制在 IGBT-Ri 支路中；旁路开关 S 在子模块发生内部故障时快速闭合，将其旁路以便及时更换。

子模块中电阻选型原则保持不变，主要区别在于将原来传统式的集中式电阻分散至 N 个模块中。各 SM 中子电阻取值为

$$R_i = (U_{dcmax}^2 / P_{dif}) \cdot (1/N) \tag{6-13}$$

式中：P_{dif} 为需要平衡的最大有功功率差额；U_{dcmax} 为故障期间直流电压的控制目标值，一般设计为 1.05p.u.（考虑直流侧保护限值一般为 1.10p.u.）。

电容 C_{SM} 的选择则与各子单元电压纹波程度直接相关，同时也关乎各 SM 的尺寸大小及成本高低。因此，折中考虑以上 2 点确定模块电容容值，即

$$C_{SM} = I_{SM} \cdot (\Delta T / \Delta U_{SM}) \tag{6-14}$$

式中：ΔT 表示控制周期；I_{SM} 为最严重故障发生时流过每个子模块的平均电流值；ΔU_{SM} 为预期的子模块电容电压波动峰峰值，一般按照额定电压的20%设计。

当直流电压超过设计阈值 U_{thr} 时，卸荷电路被触发开启。故障的严重程度差异将导致不同的功率差额，相应有 N_{SM}（$1 \leq N_{SM} \leq N$）个模块投入运行，控制框图如图 6-10 所示。P_{in_G} 表示网侧换流站的直流侧输入功率，P_{out_G} 为其交流侧输出功率，P_N 为直流系统额定传输功率，比例环节增益 P 则由功率差额的标幺值以及子模块总数 N 决定，如下式所示，计算出对应于实际功率差额应投入的子模块数量 N_{SM}。

$$N_{SM} = [(P_{in\_G} - P_{out\_G}) / P_N] \cdot N \tag{6-15}$$

工作状态下，导通子模块中的电容处于放电状态，R_i 承受相应子电容电压，未导通子模块中的电容则处于充电状态。类似于模块化多电平换流器（Modular Multilevel Converter，MMC）的电压平衡控制方法，平衡控制环节即根据电容电压采样值 U_{ci}（$1 \leq i \leq N$）以及比例环节 P 输出的 N_{SM} 值产生脉冲信号，选择实际投入的子模块，维持子模块间直流电压平衡。模块化卸荷电路控制框图如图 6-10 所示。

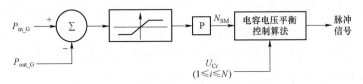

图 6-10　模块化卸荷电路控制框图

交流侧电网发生严重故障时,传统式卸荷电路工作在占空比恒为 1 状态下,将风场侧全部输出功率转化为热能;新型模块化卸荷电路则投入全部 N 个子模块。二者控制效果类似,均可获得稳定的故障穿越效果。

3. 多电平集中式卸荷电路

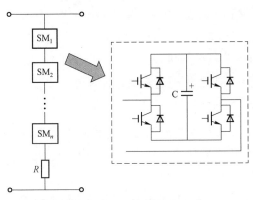

多电平集中式卸荷电路由 H 桥级联单元与集中式卸荷电阻构成,每个 H 桥子模块输出的电压有正、负、零三种状态,通过控制 H 桥级联换流链输出的电压可控制卸荷电阻的电压,从而达到控制所耗功率的目的(如图 6-11)。相比采用分布式电阻冷却系统的模块化多电平换流器,虽然它使用的 IGBT 数目更多,

图 6-11　多电平集中式卸荷电路

但每个子模块的电容值更小,且随着电平数目的增加,采用集中式电阻冷却系统的节约的成本将超过 IGBT 带来的成本增加。

在卸荷电路的参数设计方面,假设在最严重故障情形下,卸荷电路需要消耗的最大有功功率为 $P_{\max}$,允许直流线路电压上升最大值为 1.05 倍的额定直流电压,即 $1.05U_{\mathrm{dcN}}$,设定模块化多电平卸荷电路与多电平集中式卸荷电路中的子模块数目均为 N,则集中式电阻取值为式(6-16),分布式电阻 R_i取值为

$$R = (1.05 \cdot U_{\mathrm{dcN}})^2 / P_{\max} \tag{6-16}$$

$$R_i = (1.05 \cdot U_{\mathrm{dcN}})^2 / (P_{\max} \cdot N) \tag{6-17}$$

子模块中电容的取值为式(6-18)所示,其中,$I_{\max}$ 为最严重故障情形下流过卸荷电路的电流,在模块化卸荷电路中为 $I_{\max 1} = 1.05U_{\mathrm{dcN}} / (R_i \cdot N)$,在多电平集中

式卸荷电路中，由于 U_R 的范围为 0 至 $1.2U_{dc}$，所以设定为 $I_{max2}=1.2\times1.05U_{dcN}/R$。$T_S$ 为系统的控制周期，模块化多电平卸荷电路中设定 T_S 为 500μs，多电平集中式卸荷电路中设定 T_S 为 200μs。ΔU_{cell} 为子模块中电容产生的最大纹波电压，通常设定为额定电容电压的 20%。

$$C_{cell} = I_{max} \cdot (T_s / \Delta U_{cell}) \tag{6-18}$$

多电平集中式卸荷电路的控制策略如图 6-12 所示。系统在运行过程中对直流线路电压进行监控，当直流电压超过设定阈值 U_{thr} 后，卸荷电路被触发，通过测量海上风电场输入直流线路的有功功率 P_{in_G} 与受端电网消耗的交流有功功率 P_{out_G}，得到卸荷电路应消耗的功率差额 P_{error}，再经比例环节后得到 PWM 环节中参考波的占空比 d，其中比例系数 $kp = 1/P_{max}$。

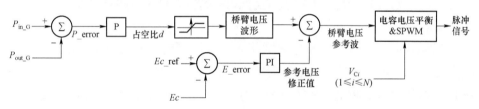

图 6-12　多电平集中式卸荷电路控制框图

本书考虑到实际的建模工作量，选取了传统卸荷电路。在 PSCAD 中，卸荷电路基本框架和控制模分别如图 6-13 和图 6-14 所示。

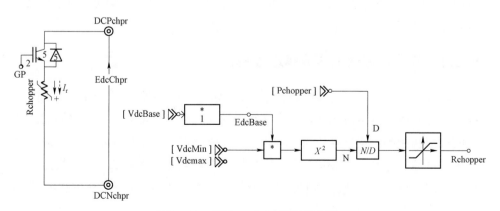

图 6-13　基于 PSCAD 的卸荷电路

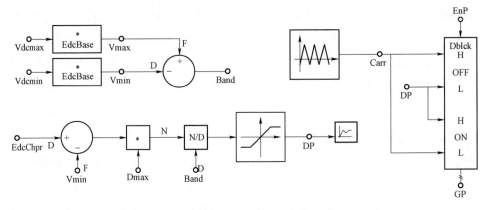

图 6 - 14   基于 PSCAD 的卸荷电路控制模型

6.3   并网柔直故障穿越及其控制策略

风电场采用柔性直流输电方式接入交流电网时，若受端交流电网发生故障，则受端换流站的功率输出能力下降，而风电场侧换流站功率传输基本不受影响，这使得送端和受端有功功率出现不平衡，严重情况下将导致直流线路电压过高，威胁直流线路的安全稳定运行。因此必须采取适当的控制措施使柔性直流输电系统能够穿越受端交流电网的故障，也就是柔性直流输电系统的故障穿越问题。

为了保证电网安全可靠地运行，连接风电场的直流输电系统应具备低电压穿越能力。现有的低电压穿越方法可以分为直流卸荷电路法、升频法、降压法以及将升频法/降压法与卸荷电路法相结合进行协调控制的故障穿越控制方法❶。

6.3.1   并网柔直低电压穿越过程解析

连接风电场的 MMC - HVDC 系统结构如图 6 - 15 所示。稳态运行时，两端换流站均采用矢量电流控制，其中送端换流站（WFMMC）控制风电场交流电压的幅值和频率，受端换流站（GSMMC）控制直流电压和与电网交换的无功功率。电网故障时，GSMMC 向电网传输的有功功率迅速降低，两端换流站功率不平衡将导致直流线路电压上升。为了防止直流线路过电压，WFMMC 启动

---

❶ 厉璇，宋强，刘文华. 风电场柔性直流输电的故障穿越方法对风电机组的影响. 电力系统自动化，2015（11）.

降压控制，快速降低风电场并网点的交流电压，减少风电场输出功率，保证系统的安全运行。

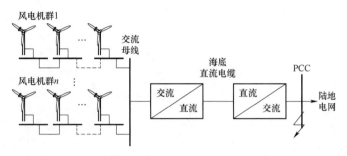

图6-15　连接风电场的 MMC-HVDC 系统示意图

为了设计合适的降压策略以提升系统的低电压穿越能力，下面将按照故障期间直流电压及有功功率的变化，将低电压穿越过程分为 4 个阶段，对基于降压控制的风电场 MMC-HVDC 系统在电网故障期间的动态过程进行解析。现结合图6-16对各阶段的交直流电压及有功功率的变化情况进行详细的分析。

（1）直流电压上升阶段 1（$t_1 \sim t_3$）。如图6-16（a）、（b）和（d）所示，t_1 时刻电网发生三相短路故障，并网点电压 V_{pcc} 迅速降落，GSMMC 传输至电网的有功功率 P_G 迅速降低至故障期间的运行功率 P_F，而 WFMMC 吸收的风电场有功功率 P_W 不变，两端功率不平衡将导致直流电压迅速上升。$t_1 \sim t_2$ 时段，直流电压 V_{dc} 低于降压动作阈值 V_{dcthr}，风电场电压不变。t_2 时刻，V_{dc} 达到阈值 V_{dcthr}，WFMMC 降压控制启动。由图6-16（c）所示，在 $t_2 \sim t_3$ 时段，直流电压继续上升，WFMMC 交流电压 V_{WF} 降低，但高于风电场稳态电压波动的最低阈值 V_{WFthF}，因此风电场运行模式不变。

设 C_{eq} 为 MMC 换流站的直流等效电容。由图6-16（d）可知，若不考虑直流线路损耗和 GSMMC 有功降落的延时，可以得到此阶段持续时间近似为

$$t_3 - t_1 = \frac{C_{eq}(V_{dcV}^2 - V_{dcN}^2)}{P_S - P_F} \tag{6-19}$$

式中：V_{dcV} 为 t_3 时刻的直流电压；V_{dcN} 为额定直流电压；P_S 为故障前 GSMMC 的运行功率。

由上式可知，阶段 1 的持续时间与 V_{dcV} 正相关，与 t_1 时刻的有功不平衡度反相关。因此故障严重程度越高，阶段 1 的持续时间越短。由图6-16（b）

和（c）可知，V_{dcV} 与 V_{WFthF} 反相关，即风电场模式切换阈值 V_{WFthF} 越大，对应的 V_{dcV} 越小，直流等效电容可以留有更多的电压裕度吸收降压过程中的不平衡功率。

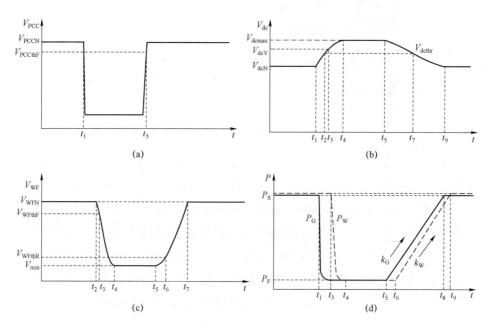

图 6-16 低电压穿越期间交直流电压和有功功率响应曲线
(a) PCC 电压幅值；(b) MMC 直流电压；(c) WFMMC 交流电压幅值；
(d) 风电场及电网换流站传输的有功功率

（2）直流电压上升阶段 2（$t_3 \sim t_4$）。t_3 时刻，WFMMC 的交流电压降低至阈值 V_{WFthF}，此时风电场转入低电压穿越模式，其有功功率 P_w 开始降低。至 t_4 时刻，P_w 与 P_G 达到平衡，即 $P_w = P_F$，直流电压 V_{dc} 升至最大值 V_{dcmax}，WFMMC 交流电压降至最低值 V_{min}。在此过程中，为了确保换流站设备安全运行，必须保证风电场注入 WFMMC 的电流不过流，风电机组始终处在可控状态。

（3）直流电压保持阶段（$t_4 \sim t_5$）。此阶段两端换流站的有功功率保持平衡，WFMMC 的直流电压和交流电压均保持不变。

（4）直流电压降落阶段（$t_5 \sim t_9$）。t_5 时刻，$V_{pcc} > V_{pccthF}$（V_{pccthF} 为并网点电压阈值），即认为故障清除，为防止有功突变对电网的冲击，GSMMC 注入电网的有功 P_G 以速率 k_G 上升，V_{dc} 回落，V_{WF} 上升；t_6 时刻，风电场检测到故障清除，为释放直流等效电容存储的能量，风电场有功功率 P_{W} 以 P_{F} 作为初始值，按照速率 k_{W} 上升。P_{G} 和 P_{W} 分别在 t_8 和 t_9 时刻到达稳态值，此过程中 k_{G} 和 k_{W} 的表达式分别为

$$\begin{cases} k_{\mathrm{G}} = \dfrac{P_{\mathrm{S}} - P_{\mathrm{F}}}{t_8 - t_5} \\[2mm] k_{\mathrm{W}} = \dfrac{P_{\mathrm{S}} - P_{\mathrm{F}}}{t_9 - t_6} \end{cases} \tag{6-20}$$

两端换流站有功恢复平衡后，直流电压 V_{dc} 回到 V_{dcN} 附近，低电压穿越过程结束。

由图 6-16（b）和（d）可知，此阶段注入直流电容的功率为 $P_{\mathrm{W}} - P_{\mathrm{G}}$，由能量守恒原理可得

$$\int_{t_5}^{t_9} (P_{\mathrm{G}} - P_{\mathrm{W}}) \mathrm{d}t = C_{\mathrm{eq}} (V_{\mathrm{dcmax}}^2 - V_{\mathrm{dcN}}^2) \tag{6-21}$$

结合上式，可以得到 k_{G} 和 k_{W} 的关系为

$$k_{\mathrm{W}} = \frac{(P_{\mathrm{S}} - P_{\mathrm{F}})^2}{\dfrac{(P_{\mathrm{S}} - P_{\mathrm{F}})^2}{k_{\mathrm{G}}} - 2(P_{\mathrm{S}} - P_{\mathrm{F}})(t_6 - t_5) + 2C_{\mathrm{eq}}(V_{\mathrm{dcmax}}^2 - V_{\mathrm{dcN}}^2)} \tag{6-22}$$

在故障清除后的功率恢复阶段，GSMMC 的有功恢复速率 k_{G} 按照并网标准预先设置，而计算得到的风电场有功响应速率 k_{W} 可以确保故障期间直流等效电容存储的多余能量被合理释放，从而改善 MMC-HVDC 系统直流电压的动态恢复特性，保证 MMC 换流站和风电场可以由低电压穿越模式平滑地切换到稳态运行模式。

6.3.2 卸荷电路法

以最严重的交流三相短路故障进行分析，故障瞬间 GSMMC 的交流电压跌落为 0，风电无法传送到受端电网。由于 GSMMC 无闭锁运行，其直流电压依然能够维持，因此能够继续为 WFMMC 和风机提供电压支撑。倘若不加任何措施，由于直流电压被控制在额定值，故障期间的风电功率会注入 GSMMC 中，造成子模块电容严重过电压，因此需要投入卸荷电阻吸收功率。

（1）未投入卸荷电阻。为了清晰认识卸荷电阻的作用，研究人员在电网三

相交流故障时针对未加卸荷电阻的情况进行了仿真。仿真结果如图 6-17 所示。故障前系统稳定运行，直流侧电压稳定，两端功率平衡，系统传输功率约为 900MW，直流侧电压稳定在 320kV 附近。在 $t=2s$ 故障发生时，受端换流站输送功率迅速降低至 460MW 左右，送端换流站输送功率基本不受影响。由于没有采取任何措施，直流侧电压一直上升到 540kV 左右，直到故障消除后很久，直流电压才恢复稳定值，系统才趋于稳定。

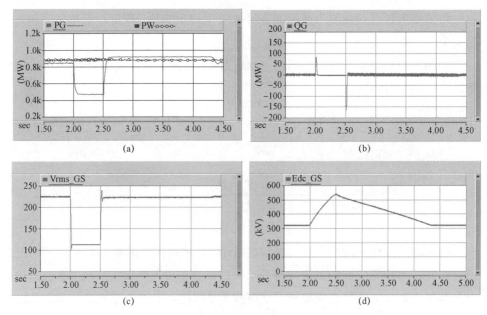

图 6-17　电网交流故障期间未采取措施时系统响应曲线
（a）直流系统两端功率；（b）GSMMC 侧无功功率；
（c）GSMMC 侧电压有效值；（d）直流侧电压

（2）投入卸荷电阻。电网发生三相交流故障时，在直流侧投入卸荷电阻，仿真结果如图 6-18 所示。故障前系统稳定运行，直流侧电压稳定，两端功率平衡，系统传输功率约为 900MW，直流侧电压稳定在 320kV 附近。在 $t=2s$ 故障发生时，受端换流站输送功率迅速降低至 460MW 左右，送端换流站输送功率基本不受影响。由于在直流侧投入了卸荷电阻，直流侧电压上升幅度不大，最高上升到 360kV 左右，$t=2.5s$ 故障消除，直流电压很快恢复到稳定值。卸荷电阻处于全功率工作模式，瞬时消耗的功率为 365MW 左右。

136

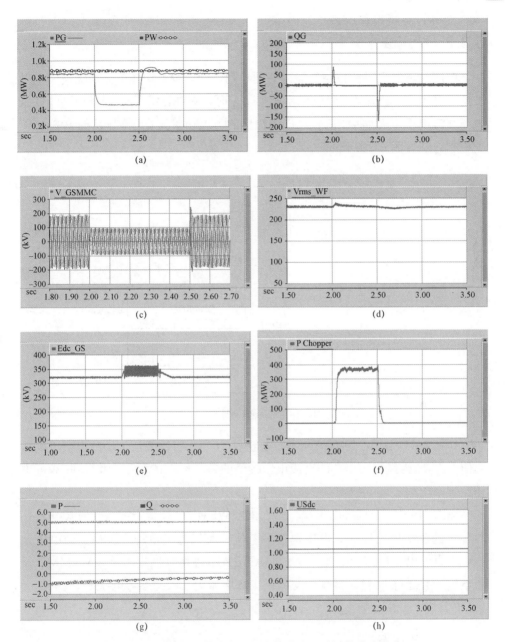

图 6-18 电网交流故障期间投入卸荷电阻时系统响应曲线

（a）直流系统两端功率；（b）GSMMC 侧无功功率；（c）GSMMC 侧电压瞬时值；

（d）WFMMC 侧电压有效值；（e）直流侧电压；（f）卸荷电阻消耗功率；

（g）单机有功功率和无功功率；（h）单机直流侧电压

6.3.3 降压法

电网故障发生时，按照新能源并网导则，GSMMC 切换至无功优先模式以支持电网电压；直流电压 U_{dc} 高于阈值 U_{thr} 时，WFMMC 启动降压控制降低风电场交流电压，从而控制降低风电场输出的电磁功率。采用降压法的 WFMMC 的控制方法如图 6–19 所示。

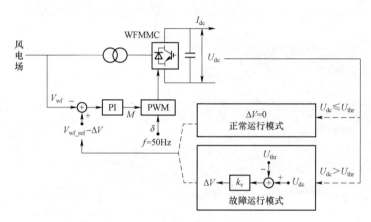

图 6–19 降压法控制图

如图 6–19 所示，实现 PWM 必须获得 M 和 δ。V_{wf} 为风电场出口交流电压幅值，V_{wf_ref} 为风电场出口的交流电压幅值的参考值，M 可由二者得到；δ 可由相应频率得到。

图 6–19 中，当直流电压 $U_{dc} \ll U_{thr}$ 时，WFMMC 处于正常运行模式，V_{wf_ref} 为预设的风电场出口交流电压幅值参考值，可以为风电场提供稳定的电压接口；当直流电压 $U_{dc} > U_{thr}$ 时，WFMMC 进入故障运行模式，降低 WFMMC 参考电压，并通过 PI 控制器使得交流风电场电压无差跟踪参考电压

$$V_{wf} = V_{wf\_ref} - \Delta V = V_{wf\_ref} - k_v(U_{dc} - U_{thr}) \qquad (6-23)$$

其中，k_v 可设计为

$$k_v = \frac{V_{wf\_ref}}{U_{max} - U_{thr}} \qquad (6-24)$$

电网发生三相交流故障时，采用降压法控制 WFMMC，仿真结果如图 6–20

所示。故障前系统稳定运行，直流侧电压稳定，两端功率平衡，系统传输功率约为 900MW，直流侧电压稳定在 320kV 附近。在 $t=2$s 故障发生时，受端换流站输送功率迅速降低至 460MW 左右，送端换流站输送功率基本不受影响。由于 WFMMC 采用了降压法控制，在受端功率跌落的情况下，控制送端有功功率也跟着下降，因此直流侧电压上升幅度不大，最高上升到 355kV 左右，$t=2.5$s 故障消除，直流电压很快恢复到稳定值。

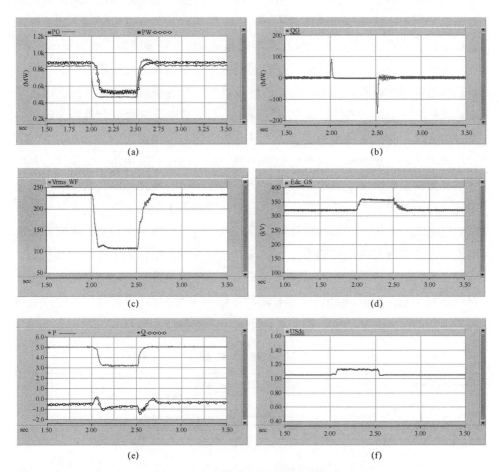

图 6-20　采用降压法系统响应曲线
（a）直流系统两端功率；（b）GSMMC 侧无功功率；（c）WFMMC 侧电压有效值；
（d）直流侧电压；（e）单机有功功率和无功功率；（f）单机直流侧电压

6.4　并网柔直系统与海上风电场协调控制

在海上风电场并网柔性直流输电系统中，虽然单靠卸荷电路就可以实现柔直协调的故障穿越，但是在实际工作中，卸荷设备带来的占地、成本、散热等问题将随着卸荷电路容量的增大而增多。因此，在考虑柔性直流输电系统的故障穿越的控制策略时往往不止使用卸荷电路，而是将能量转移法和卸荷电路配合使用，在故障情形下，通过减小海上风电场的有功功率输出来减小卸荷电路需要消耗的能量，降低卸荷设备所需要的容量，从而减小设备占地面积和成本。

在海上风电场中，目前应用最普遍的机组是双馈风力发电机组，未来的发展趋势是应用永磁直驱发电机组。两种机组均为变速恒频风机，并网点电压幅值对风机的出力影响较大，本书采用降压法与卸荷电路配合进行故障穿越的协调控制方法，有效发挥了两者优势，具有更大的实际应用潜力。

风电场稳定运行时，风电场侧换流器一般工作在交流电压控制模式，其控制器参数的限制决定了风电场并网点交流电压幅值的变化范围，进而影响风电场有功出力的增减。因此，首先考虑采用合理的电压控制限值，初步降低故障期间风电场功率输出；其次根据降压后风电场侧实际的输出功率，依据卸荷电路设计方法进行卸荷电路的设计。将风电机组并网点电压的下限设为 0.4p.u.。通过风电机组电压适应性测试可得到降压法对风电场输出有功功率的影响。测得电压为 0.4p.u.时风电场输电处有功功率约为 0.65p.u.，设定此值为卸荷电路需要消耗的最大有功功率，据此设计卸荷电路的参数，见表 6-1。

表 6-1　卸 荷 电 路 参 数 设 计

控制策略	卸荷电阻消耗功率（MW）	卸荷电阻（Ω）
单卸荷电路法	900	511.36
协调控制	585	786.71

采用协调控制策略时，当降压系数 k_v=10 时，系统响应曲线如图 6-21所示。

采用协调控制策略时，当降压系数 k_v=30 时，系统响应曲线如图 6-22所示。

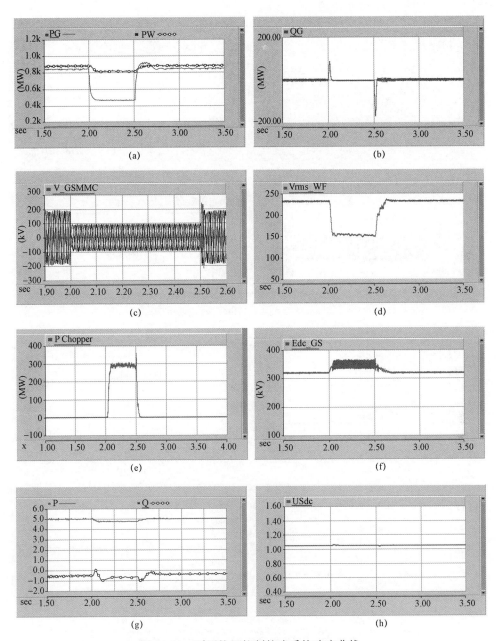

图 6−21 采用协调控制策略系统响应曲线

（a）直流系统两端功率；（b）GSMMC 侧无功功率；（c）GSMMC 侧电压瞬时值；
（d）WFMMC 侧电压有效值；（e）卸荷电阻消耗功率；（f）直流侧电压；
（g）单机有功功率和无功功率；（h）单机直流侧电压

海上风电接入电网建模与故障穿越技术

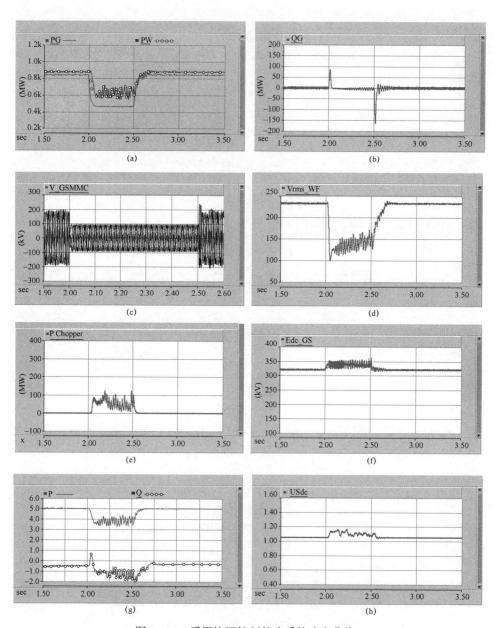

图 6-22　采用协调控制策略系统响应曲线

（a）直流系统两端功率；（b）GSMMC 侧无功功率；（c）GSMMC 侧电压瞬时值；
（d）WFMMC 侧电压有效值；（e）卸荷电阻消耗功率；（f）直流侧电压；
（g）单机有功功率和无功功率；（h）单机直流侧电压

142

电网发生三相交流故障时，采用降压法和卸荷电路的协调控制策略，并在不同降压系数下进行仿真，仿真结果如图 6-21 和图 6-22 所示。故障前系统稳定运行，直流侧电压稳定，两端功率平衡，系统传输功率约为 900MW，直流侧电压稳定在 320kV 附近。在 $t=2s$ 故障发生时，受端换流站输送功率迅速降低至 460MW 左右，送端换流站输送功率基本不受影响。首先，WFMMC 采用了降压法控制，控制送端有功功率下降；其次，在功率差额不大的情况下投入卸荷电阻进行功率消耗。从仿真图中可以看出，直流侧电压上升幅度不大，最高上升到 350kV 左右，$t=2.5s$ 故障消除，直流电压可以很快恢复到稳定值。采取这样的方法，可有效减少卸荷电路的容量，同时也能保证故障穿越的可靠完成。

6.5 交直流并网模式仿真对比及特性分析

高压交流输电的优点主要体现在发电和配电方面。由于采用交流电，各个不同电压之间的变换、输送、分配和使用都便于实现。柔性直流输电是电力电子在电力系统输电领域应用的一种基于脉宽调制技术和可关断电力电子器件的直流输电技术。本节将针对采用这两种输电方式并网的风电场进行建模和仿真，并对暂态特性进行分析。

6.5.1 风速发生改变时风电场并网系统响应

针对风速发生变化时，基于全功率换流器的直驱式永磁同步风电机组所建风电场，经高压交流和柔性直流两种输电方式并网的整体系统进行仿真，对其稳态运行情况和暂态特性做了对比和分析。在这里重点关注风电机组的电气部分，当风速阶跃时直接影响的是风电机组的有功功率的输出，风速变化意味着机组的有功功率发生了变化。

系统仿真结果如图 6-23 所示。从图中可以看出，风速在 2s 减小的过程中，风电机组输出的有功功率与无功功率实现解耦控制，有功功率随着捕获风能的减小会跟着减小，无功功率输出基本保持不变，风电机组全功率换流器内部直流电压、风电场集电系统电压都保持在额定值附近，风电场集电系统交流频率保持稳定，并网 VSC-HVDC 直流电压也维持在额定值附近，无明显波动。

在风速变化这种工况下，采用柔性直流输电方式和采用高压交流输电方式系统的稳态运行情况和暂态特性基本一致。

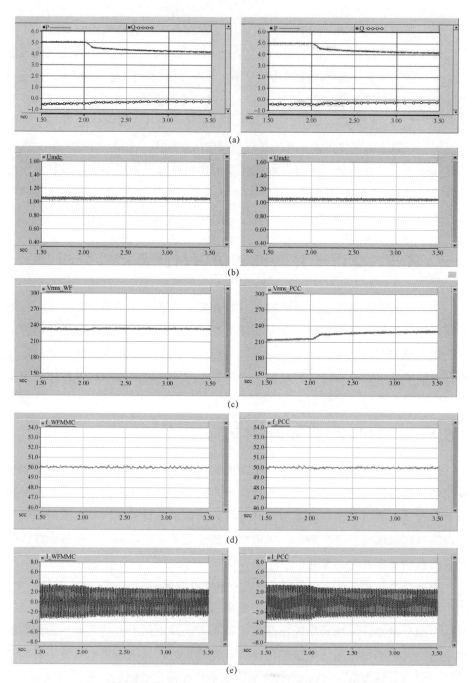

图 6-23　风速变化时 VSC-HVDC（左边）和 HVAC（右边）仿真对比

（a）单机输出有功功率和无功功率；（b）全功率换流器直流电压；（c）风电场集电系统电压；
（d）风电场集电系统交流频率；（e）风电场集电系统电流

6.5.2　风电场集电系统故障系统暂态响应

针对风电场集电系统发生三相接地短路故障时，基于全功率换流器的直驱式永磁同步风电机组所建风电场，经高压交流和柔性直流两种输电方式并网的整体系统进行仿真，对其稳态运行情况和暂态特性做了对比和分析，如图 6-24 所示，可以看出，当风电场集电系统发生三相对称接地故障时，集电系统母线电压下降，风电场向集电系统母线传输有功功率降低，风机继续捕获风能发出有功功率，使得风机内全功率换流器的直流电压升高。由于机侧换流器采用电磁转矩外环电流内环的控制方式，当全功率换流器直流电压接近上限时，通过控制电机侧换流器有功电流分量，从而减小输入全功率换流器的输出的有功功率，达到降低直流电压的目的，保证换流器设备可靠性。全功率换流器直流电压、风电场集电系统母线电压、频率经过波动后，保持在额定值附近，风电场输出有功功率先降低，然后也保持在额定值附近，验证了两种输电方式下并网系统在风电场集电系统发生三相对称接地故障时仍可保持稳定。

在风电场集电系统发生三相对称接地故障、采用柔性直流输电方式时，风电机组出口有功功率、无功功率以及全功率换流器直流电压在故障过程中波动要比采用高压交流输电时小一些。同时，风电场集电系统频率、电压以及电流波动也比采用高压交流输电小一些。

6.5.3　电网交流系统故障系统暂态响应

针对电网交流系统发生三相接地短路故障时，基于全功率换流器的直驱式永磁同步风电机组所建风电场，经高压交流和柔性直流两种输电方式并网的整体系统进行仿真，对其稳态运行情况和暂态特性做了对比和分析。系统的仿真结果见图 6-25，可以看出，当电网交流系统发生三相对称接地故障时，电网交流母线电压下降，采用柔性直流输电方式时，GSMMC 向电网系统输送有功功率降低，风电场向 WFMMC 传输的有功功率、无功功率保持不变。风电场集电系统电压、交流频率以及电流均保持不变；采用高压交流输电方式时，电网侧故障传递到风电场侧，风电场集电系统频率、电压以及电流在故障过程中都会经历一个暂态过程再恢复到稳定状态。风电机组出口有功功率、无功功率以及全功率换流器直流电压同样会经历暂态过程。这是因为柔直系统可以很好地隔离电网侧故障。

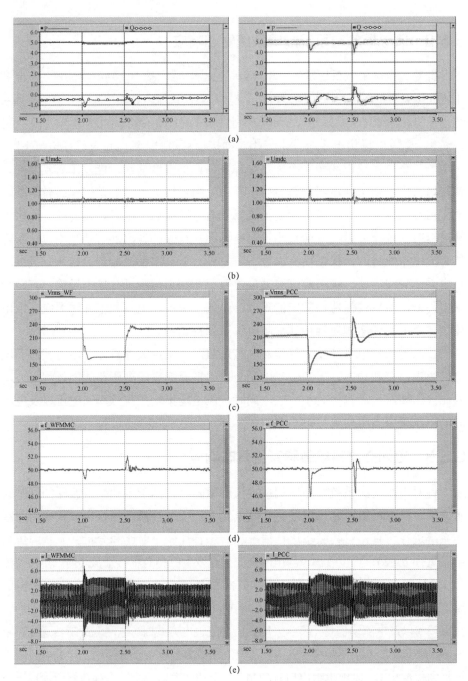

图 6-24　风电场集电系统故障时 VSC-HVDC（左边）和 HVAC（右边）仿真对比

（a）单机输出有功功率和无功功率；（b）全功率换流器直流电压；（c）风电场集电系统电压；

（d）风电场集电系统交流频率；（e）风电场集电系统电流

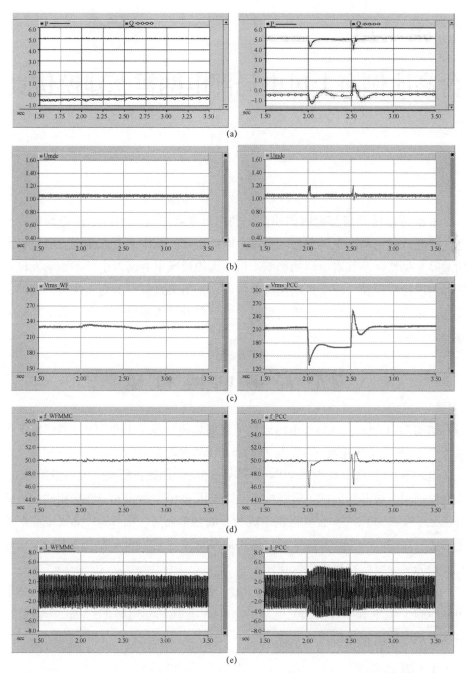

图 6-25　电网交流系统故障时 VSC-HVDC（左边）和 HVAC（右边）仿真对比

（a）单机输出有功功率和无功功率；（b）全功率换流器直流电压；（c）风电场集电系统电压；
（d）风电场集电系统交流频率；（e）风电场集电系统电流

《 第 7 章

含高比例海上风电局部电网暂态建模仿真

本章通过建立局部电网的模型，利用前述各章建立的海上风电场仿真模型，研究含高比例海上风电接入局部电网的影响。其中，重点是海上风电机组的故障穿越特性及其对电网的影响，以及大规模风电并网对电压的影响及风电场的电压控制问题、海上风电场频率特性、采用柔直并网的海上风电协调控制特性、谐波仿真及治理、海缆工频过电压等问题。本章以一个海上风电场接入某地市局部电网为例进行描述。

7.1 局 部 电 网 构 建

如图 7-1 所示，该局部电网风电场规划总装机容量 1400MW，其中海上风电场 WF1 和海上风电场 WF2 由 73 台 5.5MW 永磁直驱风力发电机组组成。海上风电场 WF3 和海上风电场 WF4 由 55 台 5.5MW 永磁直驱风力发电机组组成。风电场采用两级升压方式，风电机组出口电压 690V，经 0.69/35kV 箱式变电站升压至 35kV，每 3～5 台风电机组成一个联合单元后，由 35kV 海底电缆汇流至海上升压站，升压至 220kV 后由送出海底电缆送至 220kV 陆上集控站，再经 1 回 220kV 架空线路接入局部电网。

为便于模拟计算研究，对海上风电场及局部电网进行了等值简化：将局部电网 500kV 电压等级等值到变电站 TA 500kV 母线和变电站 TB 500kV 母线上，将风电场中的风电机组进行等值。

7.1.1 设备参数

（1）机组及变压器参数。该风电场采用 5.5MW 永磁直驱风电机组，机组 1

参数见表 7-1，风机升压变压器参数见表 7-2，海上升压站参数见表 7-3，陆上 500kV 和 220kV 变电站的参数分别如表 7-4、表 7-5 所示。

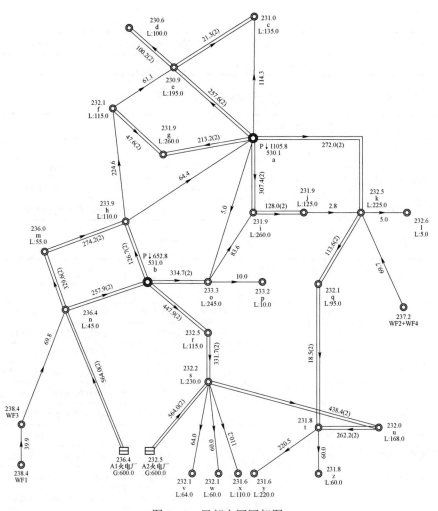

图 7-1　局部电网网架图

表 7-1　　　　　　　　　　　　风 电 机 组 参 数

单机容量（MW）	额定电压（kV）	d 轴瞬态漏抗（Ω）	q 轴瞬态漏抗（Ω）
5.5	0.69	0.020 4	0.048 3

表 7-2 风机升压变压器参数

容量（MVA）	低压侧额定电压（kV）	高压侧额定电压（kV）	U_k%	漏抗（p.u.）
6.1	0.69	35.0	8	0.019 44

表 7-3 海 上 升 压 站 参 数

容量（MVA）	低压侧额定电压（kV）	高压侧额定电压（kV）	U_k%	漏抗（p.u.）
480	35.0	220.0	14	0.028 43

表 7-4 陆上 500kV 变电站参数

500kV 变电站	额定电压（kV）			容量（MVA）	漏抗（p.u.）
	高压侧	中压侧	低压侧		
变电站 TA	525	242	34.5	750/750/240	0.019 73/0.001 7/0.056 07
	525	242	34.5	1000/1000/300	0.016 05/0.002 2/0.041 3
变电站 TB	525	230	35	1000/1000/240	0.015 69/0.001 4/0.042 16

表 7-5 陆上 220kV 变电站参数

220kV 变电站	额定电压（kV）			容量（MVA）	漏抗（p.u.）
	高压侧	中压侧	低压侧		
变电站 Tk	220	110	10.5	360/360/120	0.041 62/0.001 7/0.101 64
	220	110	10.5	480/480/180	0.028 02/0.001 3/0.067 75
变电站 Tx	220	110	10.5	180/180/60	0.085 66/0.006 8/0.053 59
	220	110	10.5	360/360/180	0.041 62/0.001 7/0.101 64
变电站 Tq	220	110	10.5	360/360/120	0.041 62/0.001 7/0.101 64
变电站 Te	220	110	10.5	330/330/165	0.046 87/0.003 1/0.028 06
变电站 To	220	110	10.5	180/180/60	0.083 23/0.003 4/0.203 28
变电站 Tc	220	110	10.5	360/360/120	0.042 16/0.003 6/0.103 5
变电站 Tm	220	110	10.5	360/360/120	0.041 92/0.002 7/0.026 79
变电站 Tr	220	110	10.5	360/360/150	0.042 37/0.003 0/0.026 7
变电站 Ts	220	110	10.5	360/360/150	0.042 37/0.003 0/0.026 7
变电站 Tf	220	110	10.5	360/360/120	0.041 61/0.001 7/0.101 64
变电站 Tg	220	110	10.5	960/960/320	0.015 06/0.001 0/0.022 92
变电站 Tn	220	110	10.5	360/360/120	0.041 61/0.001 7/0.101 64
变电站 Th	220	110	10.5	360/360/120	0.041 61/0.001 7/0.101 64
变电站 Tj	220	110	10.5	360/360/120	0.041 92/0.003 4/0.026 79

（2）220kV 集电海缆参数。海上升压站送出海缆采用的型号为 HYJQF41-F127/220 3×500 的 220kV 交联聚乙烯绝缘三芯光电复合海底电缆，其基本结构如图 7-2 所示，截面各材料参数见表 7-6。

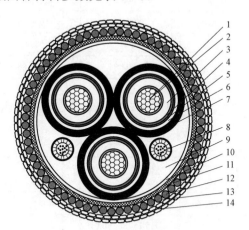

图 7-2　220kV 海底电缆结构图

表 7-6　　　　　　　　　　220kV 海底电缆结构参数表

序号	结构	标称厚度（mm）	近似外径（mm）
1	阻水铜导体	—	38.1
2	导体屏蔽	2.1	42.3
3	XLPE 绝缘	24.0	90.3
4	绝缘屏蔽	1.2	92.7
5	径向阻水层	2×0.5	94.7
6	金属屏蔽	3.7	102.1
7	半导电 PE 护套	3.4	108.9
8	光纤单元	—	15.5
9	填充	—	—
10	包带	2×0.3	236.4
11	PP 内垫层	2.0	239.4
12	镀锌钢丝	6.0×（119±3）根	251.4
13	沥青	—	—
14	PP 外被层	4.0	259.4

各风电场 220kV 送出海缆参数见表 7-7。

表 7-7　　　　　　　各风电场 220kV 送出海缆参数

风电场	海缆长度（km）	电阻（p.u.）	电抗（p.u.）	对地电纳（p.u.）
WF1	2 × 39.8	0.003 21	0.011 84	0.381 25
WF3	2 × 20.0	0.001 77	0.006 54	0.210 74
WF2	2 × 33.6	0.002 71	0.009 98	0.321 38
WF4	2 × 45.0	0.004 55	0.013 85	0.403 70

（3）架空线路参数。局部电网主要架空线路在内的参数见表 7-8。

表 7-8　　　　　　　架 空 线 路 参 数

线路名称	额定电流（A）	电阻（p.u.）	电抗（p.u.）	对地电纳（p.u.）	距离（km）	型号
线路 Lop	700	0.008 67	0.048 53	0.039 3	5.8	JL/LB20A – 400 单根
线路 Lio	1190	0.003	0.015 15	0.019 9	23.2	JL2x300/23.2 单根
线路 Lox	1810	0.001 28	0.017 34	0.024 51	27.5	LGJ2x630/27.5 单根
线路 Lsx	1310	0.000 15	0.001 02	0.001 38	1.6	JL/LB20A – 400/35 单根

（4）高压电抗器及 SVG 参数。在局部电网中，WF3 送出海缆陆地侧配置容量为 2×25Mvar 高压电抗器，WF1 送出海缆陆地侧配置容量为 2×55Mvar 高压电抗器，WF2 送出海缆陆地侧配置容量为 2×40Mvar 高压电抗器，WF4 送出海缆陆地侧配置容量为 2×60Mvar 高压电抗器，中性点直接接地，相关参数见表 7-9。同时陆上集控中心配置 2 套额定容量为 -50～+50Mvar 的静止无功发生器（STATCOM）。

表 7-9　　　　　　　高压电抗器及 SVG 参数

无功补偿装置类型	线路	安装位置	额定电压（kV）	额定容量（Mvar）	高压电抗器阻值（Ω）
高压电抗器	WF3 送出海缆	陆地侧	220	25	1936
	WF1 送出海缆	陆地侧	220	55	880
	WF2 送出海缆	陆地侧	220	40	1210
	WF4 送出海缆	陆地侧	220	60	806.67
SVG	陆上集控站 220kV 母线	220kV 母线	220	2×（-50～+50）	—

7.1.2　局部电网模型

在 PSCAD/EMTDC 中搭建如图 7-3 所示（见文末插页）的局部电网模型，主要包括架空线路模型、海底电缆模型、变压器模型、等值机模型、海上风电场模型、同步发电机模型以及 STATCOM 模型。其中线路模型采用集中参数 R-L 模型，考虑零序电抗，负荷采用恒功率负荷，系统基准容量取 100MVA。下面主要就等值机模型、海上风电场模型、同步发电机模型以及 STATCOM 模型进行详细介绍。

（1）等值机模型。为便于模拟计算研究，将地区电网 500kV 电压等级等值到变电站 Ta500kV 母线和变电站 Tb500kV 母线上，采用 PSD-BPA 软件 SCCP 模块中多点等值计算方法，以等值前后网络阻抗等效为原则进行等值；并对比 BPA 仿真软件计算的地区电网 500kV 变电站 Ta 和变电站 Tb 下送有功功率为 1105.8MW 和 652.8MW 的工况。在 PSCAD/EMTDC 仿真软件中，以三相电压源模型作为等值机，如图 7-4 所示，通过调整电压源模型的初始电压和相位，使其与等值前电网潮流分布一致。

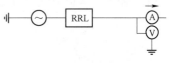

图 7-4　等值机模型

等值机 GA 和等值机 GB 具体参数见表 7-10（基准容量为 100MVA）。

表 7-10　　　　　　　　　　等 值 机 参 数

等值机	电压（kV）	相位（deg）	有功功率（p.u.）	无功功率（p.u.）
等值机 GA	530.1	10	11.058	1.3
等值机 GB	531.0	10	6.528	1.3

同时，在 PSCAD/EMTDC 仿真软件进行了稳态运行情况下的仿真，得到等值机 GA 和等值机 GB 的出力，如图 7-5 所示。

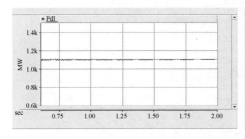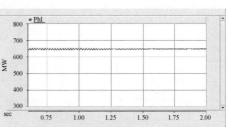

图 7-5　等值机模型的出力仿真波形

由图 7-5 可得，采用等值机模型对局部电网进行等值后，等值机 GA 和等值机 GB 在稳态情况下的出力分别为 1099.5MW 和 646.5MW。为验证等值机模型的有效性，与等值前的出力进行比较，结果见表 7-11。

表 7-11　　　　　　　　　　等值机出力对比分析

变电站	等值前出力（MW）	等值后出力（MW）	误差（%）
Ta	1105.8	1099.5	0.57
Tb	652.8	646.5	0.97

由表 7-11 可得，采用等值机对局部电网等值得到的等值模型与详细模型误差均小于 1%，具有较高的一致性。

（2）风电场模型。为便于模拟计算研究，对海上风电场进行了等值简化。研究表明，对于永磁直驱风电场，采用单机等值模型具有较高的一致性。因此，在本书中采用单机等值方法对海上风电场进行等值，得到的等值模型如图 7-6 所示。

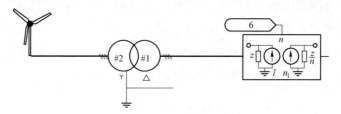

图 7-6　风电场等值模型

同时，在 PSCAD/EMTDC 仿真软件进行了稳态运行情况下（风电场 10% 出力运行）的仿真，分别得到了 WF1、WF2、WF3 和 WF4 四个海上风电场的出力情况，如图 7-7 所示。

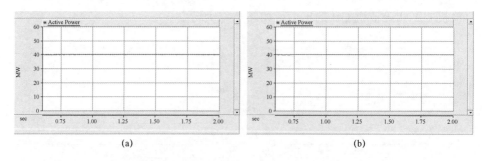

(a)　　　　　　　　　　　　　　　(b)

图 7-7　海上风电场出力仿真波形（一）

（a）海上风电场 WF1；（b）海上风电场 WF2

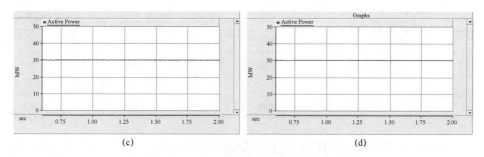

图 7-7　海上风电场出力仿真波形（二）

（c）海上风电场 WF3；（d）海上风电场 WF4

由图 7-7 可得，采用单机等值对风电场进行等值后，得到海上风电场 WF1 和 WF2 在稳态情况下的出力均为 40MW，海上风电场 WF3 和 WF4 在稳态情况下的出力均为 40MW，与风电场详细模型实际运行时的出力几乎一致。

（3）同步发电机模型。在 PSCAD/EMTDC 软件中对同步发电机建模，以模拟火电厂运行情况，搭建的同步发电机模型如图 7-8 所示。

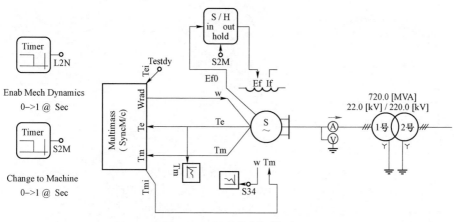

图 7-8　同步发电机模型

同步发电机的具体参数如表 7-12 所示。

表 7-12　　　　　　　　　同 步 发 电 机 参 数

参数名称	数值	参数名称	数值
额定容量（MVA）	667	额定电压（kV）	20
d 轴不饱和同步电抗（p.u.）	2.17	q 轴不饱和同步电抗（p.u.）	2.1
d 轴暂态电抗（p.u.）	0.306 3	q 轴暂态电抗（p.u.）	0.448

续表

参数名称	数值	参数名称	数值
d 轴暂态时间常数（s）	9.08	q 轴暂态时间常数（s）	0.96
d 轴次暂态电抗（p.u.）	0.211 2	q 轴次暂态电抗（p.u.）	0.218
d 轴次暂态时间常数（s）	0.046	q 轴次暂态时间常数（s）	0.069

同时，在 PSCAD/EMTDC 进行了稳态运行情况下（风电场 10%出力运行）的仿真，分别得到了 A1 火电厂和 A2 火电厂的出力情况，如图 7-9 所示。

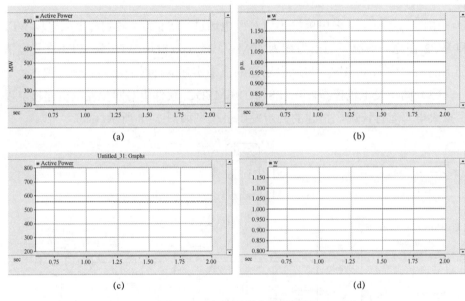

图 7-9　火电厂出力仿真波形
（a）A1 火电厂有功出力；（b）A1 火电厂发电机转速；
（c）A2 火电厂有功出力；（d）A2 火电厂发电机转速

由图 7-9 可得，系统稳态运行情况下，A1 火电厂和 A2 火电厂的出力分别为 573MW 和 554MW，发电机转速均为额定值。

（4）STATCOM 模型。随着风电并网规模的不断增大，风电并网引起的无功电压问题也越来越受到关注。为了对风电并网运行进行统一规范，国家制定了相应的技术规范。其中，能源行业标准 NB/T 31003—2011《大型风电场并网设计技术规范》要求：并网点电压应能控制在额定电压的−3%～+7%范围内，风电场无功调节速度应能满足电网电压调节需要，必要时加装动态无功补偿装置。

STATCOM 是静止型无功补偿装置,可为大规模并网风电场提供无功支撑。STATCOM 具有响应速度快、运行范围宽的优点,在系统电压较低时仍可向电网注入较大的无功电流❶。尤其在故障情况下,能够迅速发出无功功率,支撑系统无功缺额,提高风电机组的 LVRT 能力。

根据 STATCOM 主电路中直流储能单元的差异,STATCOM 可分为电压源型和电流源型。其中电压源型装置直流端使用电容作为储能元件,交流输出端采用电感并联于电网;电流源型装置直流端使用电感作为储能元件,交流输出端并联电容吸收过电压。两种拓扑结构如图 7-10 所示。

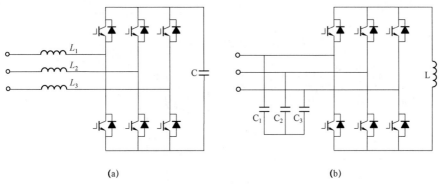

(a)　　　　　　　　　　　　　(b)

图 7-10　STATCOM 主电路结构

（a）电压源型；（b）电流源型

图 7-10 中所示为两种电路拓扑均为两电平的 STATCOM,实际工程应用中还包括三电平逆变结构以及级联、多重化等多种拓扑结构,鉴于现场以及实验要求,本书采用两电平拓扑结构。电压源型补偿器相比于电流源型补偿器具有开关器件功率等级小、能耗小等显著优势,因此本书采用电压源型 STATCOM 拓扑。

在 PSCAD/EMTDC 中,电压源型 STATCOM 模型如图 7-11 所示。

该模型主要控制交流侧电压基频分量的幅值和相位。其中幅值控制可以通过控制交流电压实现,相位控制可以通过控制直流侧电容电压实现,其具体实现过程如图 7-12 和图 7-13 所示。

---

❶ 崔杨,王苏,王泽洋,等. 应用 STATCOM 提高 DFIG 的低电压穿越域. 电力系统及其自动化学报,2004,26（07）: 23-27.

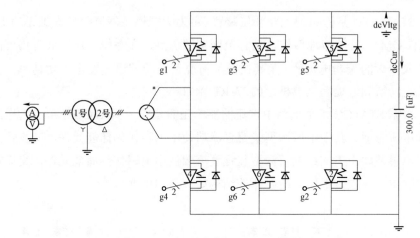

图 7-11 电压源型 STATCOM 模型

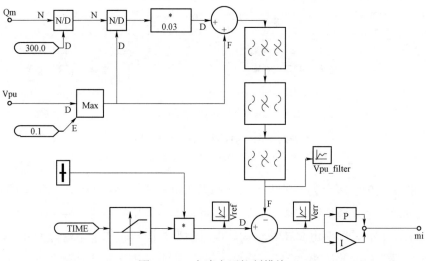

图 7-12 交流电压控制模块

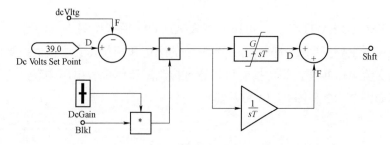

图 7-13 直流电容电压控制模块

STATCOM 详细模型参数见表 7-13。

表 7–13		STATCOM 详细模型参数	
参数名称	参数取值	参数名称	参数取值
直流侧电容（μF）	300	直流侧额定电压（kV）	39
交流电压增益系数	1.25	直流电压增益系数	1.1
交流电压时间常数	0.1	直流电压时间常数	0.4

7.2　海上风电场稳态特性仿真

本节在风电场不同出力情况下，对风电场并入局部电网后的出力情况、节点电压及系统潮流进行仿真分析，以考察风电场并网运行后系统的安全性，为网络经济运行提供数据支撑，并根据最终仿真结果，确定出风电场的无功补偿方案，合理规划线路参数及优化系统潮流。

7.2.1　风电场停机时的仿真分析

在风电场停机时，保持火电厂满发状态，得到系统稳定时各电源出力的仿真结果，如图 7–14 所示。

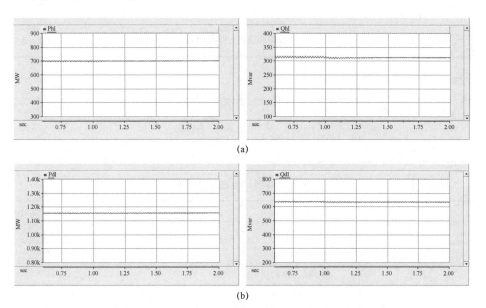

图 7–14　风电场停机时各电源出力仿真图（一）

（a）等值机 GB 出力情况；（b）等值机 GA 出力情况

159

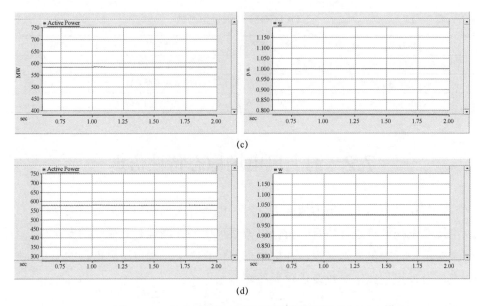

（c）

（d）

图 7-14　风电场停机时各电源出力仿真图（二）

（c）A1 火电厂出力情况；（d）A2 火电厂出力情况

风电场接入系统前，局部电网各变电站电压见表 7-14，各线路潮流分布见表 7-15。

表 7-14　　　　　　　　　　　地区电网部分节点电压　　　　　　　　　　（p.u.）

节点	电压	节点	电压
变电站 Tn	1.024 0	变电站 Tk	1.032 5
A1 火电厂	1.019 0	变电站 Ti	1.034 2
变电站 Te	1.035 5	变电站 Ta	1.036 0
变电站 Tf	1.032 5	变电站 Tb	1.028 5

表 7-15　　　　　　　　　　　地区电网部分线路潮流分布

线路	潮流	线路	潮流
Ta - Tc	39.38 - j27.88	Ta - Te	272.8 - j191.42
Ta - Tg	232.6 + j95.92	Tf - Tg	27.24 - j118.9
Te - Tc	103.94 - j39.82	Tf - Te	93.52 - j53.01
A2 - Ts	588.8 - j750.2	A1 - Tn	571.8 - j674
WF$_{13}$ - Tn	0	WF$_{24}$ - Tk	0

由表 7-14 可得，风电场未接入系统之前，系统各节点电压均控制在额定电压的 -3%～+7% 范围内。由表 7-15 可得，各线路潮流均未过载。

7.2.2　风电场 10%出力时的仿真分析

在风电场 10%出力时，保持火电厂满发状态，得到系统稳定时各电源出力的仿真结果如图 7-15 所示。

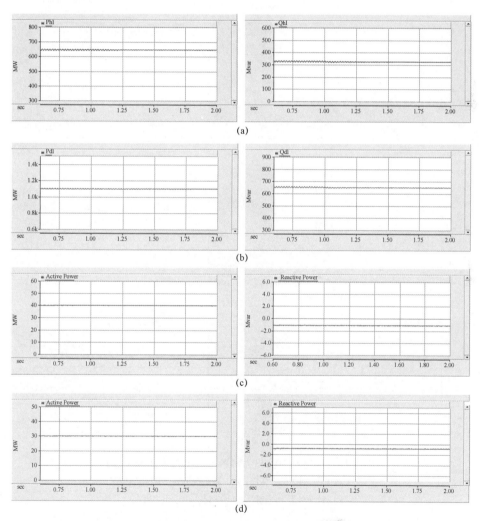

图 7-15　风电场 10%出力时各电源出力仿真图（一）

（a）等值机 GB 出力情况；（b）等值机 GA 出力情况；

（c）海上风电场 WF1 出力情况；（d）海上风电场 WF3 出力情况

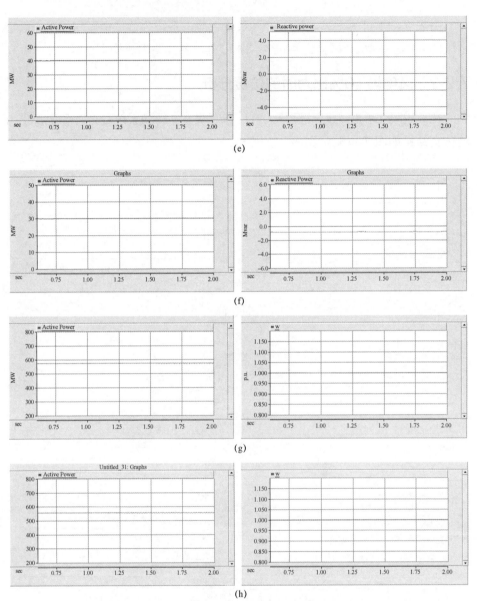

图 7-15 风电场 10%出力时各电源出力仿真图（二）

（e）海上风电场 WF2 出力情况；（f）海上风电场 WF4 出力情况；

（g）A1 火电厂出力情况；（h）A2 火电厂出力情况

风电场出力 10%时，地区电网各变电站电压见表 7-16，各线路潮流分布见表 7-17。

表 7-16　　　　　　　　　　地区电网部分节点电压　　　　　　　　（p.u.）

节点	电压	节点	电压
WF1 海上集控站	1.023	WF3 海上集控站	1.025
WF2 海上集控站	1.033	WF4 海上集控站	1.032
变电站 Tn	1.023	变电站 Tk	1.031 5
A1 火电站	1.018 5	变电站 Ti	1.033
变电站 Te	1.034 5	变电站 Ta	1.035
变电站 Tf	1.031 5	变电站 Tb	1.027 5

表 7-17　　　　　　　　　　地区电网部分线路潮流分布

线路	潮流	线路	潮流
Ta-Tc	39.36-j27.28	Ta-Te	272.2-j191.08
Ta-Tg	230.4+j93.92	Tf-Tg	21.86-j116.16
Te-Tc	104.04-j38.96	Tf-Te	94.37-j52.02
A2-Ts	553.2-j714.6	A1-Tn	572.4-j642.6
WF_{13}-Tn	68.39-j36.48	WF_{24}-Tk	69.95-j52.28

由表 7-16 可得，风电场出力 10%时，系统各节点电压均控制在额定电压的 -3%～+7%范围内。由表 7-17 可得，各线路潮流均未过载，风电场向系统注入有功，从系统吸收一定的无功功率。

7.2.3　风电场 50%出力时的仿真分析

在风电场 50%出力时，保持火电厂满发状态，得到系统稳定时各电源出力的仿真结果，如图 7-16 所示。

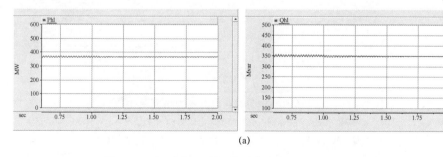

(a)

图 7-16　风电场 50%出力时各电源出力仿真图（一）

（a）等值机 GB 出力情况

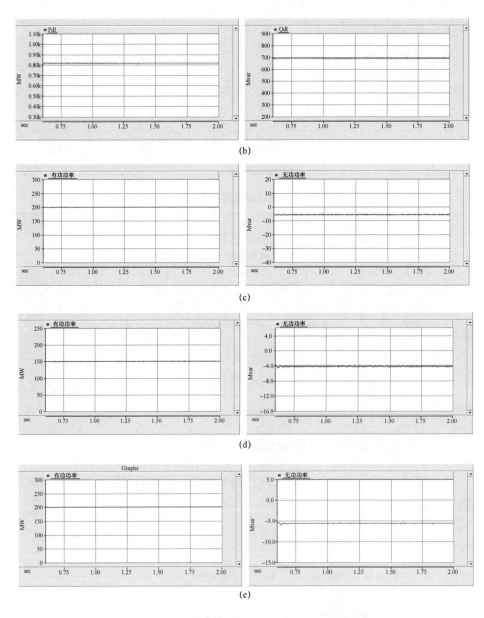

图 7-16 风电场 50%出力时各电源出力仿真图（二）

（b）等值机 GA 出力情况；（c）海上风电场 WF1 出力情况；
（d）海上风电场 WF3 出力情况；（e）海上风电场 WF2 出力情况

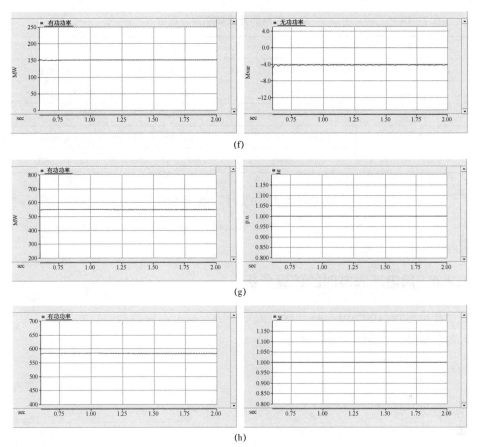

图 7-16　风电场 50%出力时各电源出力仿真图（三）

（f）海上风电场 WF4 出力情况；（g）A1 火电厂出力情况；（h）A2 火电厂出力情况

风电场出力 50%时，地区电网各变电站电压见表 7-18，各线路潮流分布见表 7-19。

表 7-18　　　　　　　　　地区电网部分节点电压　　　　　　　　　（p.u.）

节点	电压	节点	电压
WF1 海上集控站	1.028	WF3 海上集控站	1.025
WF2 海上集控站	1.034 5	WF4 海上集控站	1.036 5
变电站 Tn	1.023 5	变电站 Tk	1.032 2
A1 火电站	1.019	变电站 Ti	1.034
变电站 Te	1.035	变电站 Ta	1.035 7
变电站 Tf	1.032 5	变电站 Tb	1.028

表 7 – 19   地区电网部分线路潮流分布

线路	潮流	线路	潮流
Ta – Tc	39.03 – j27.83	Ta – Te	389 – j190.6
Ta – Tg	216.4 + j98.34	Tf – Tg	43.88 – j121.46
Te – Tc	104.4 – j39.88	Tf – Te	98.37 – j53.92
A2 – Ts	583 – j744	A1 – Tn	548.2 – j644
WF$_{13}$ – Tn	348.1 – j48.7	WF$_{24}$ – Tk	348.3 – j66.5

由表 7 – 18 可得，风电场出力 50%时，系统各节点电压水平均满足国标要求。由表 7 – 19 可得，各线路潮流均未过载，风电场向系统注入有功，从系统吸收一定的无功功率。

7.2.4   风电场满发时的仿真分析

在风电场 100%出力时，保持火电厂满发状态，得到系统稳定时各电源出力的仿真结果，如图 7 – 17 所示。

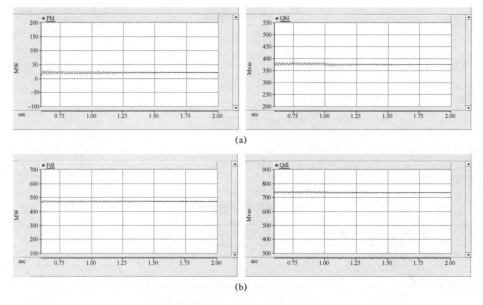

(a)

(b)

图 7 – 17   风电场满发时各电源出力仿真图（一）

（a）等值机 GB 出力情况；（b）等值机 GA 出力情况

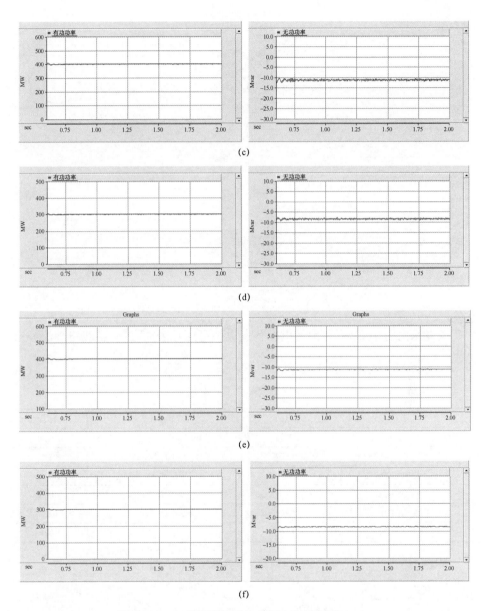

图 7–17　风电场满发时各电源出力仿真图（二）
（c）海上风电场 WF1 出力情况；（d）海上风电场 WF3 出力情况；
（e）海上风电场 WF2 出力情况；（f）海上风电场 WF4 出力情况

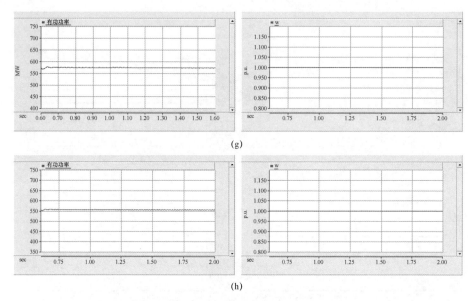

(g)

(h)

图 7-17　风电场满发时各电源出力仿真图（三）

（g）A1 火电厂出力情况；（h）A2 火电厂出力情况

风电场出力 100% 时，地区电网各变电站电压见表 7-20，各线路潮流分布见表 7-21。

表 7-20　　　　　　　　　地区电网部分节点电压　　　　　　　　　（p.u.）

节点	电压	节点	电压
WF1 海上集控站	1.03	WF3 海上集控站	1.025 8
WF2 海上集控站	1.036	WF4 海上集控站	1.038 5
变电站 Tn	1.023 5	变电站 Tk	1.032
A1 火电站	1.018 8	变电站 Ti	1.034
变电站 Te	1.035	变电站 Ta	1.035 5
变电站 Tf	1.032	变电站 Tb	1.028

表 7-21　　　　　　　　　地区电网部分线路潮流分布

线路	潮流	线路	潮流
Ta-Tc	38.53-j27.71	Ta-Te	264-j189.3
Ta-Tg	195.74+j101.94	Tf-Tg	64.26-j124.54
Te-Tc	104.94-j39.86	Tf-Te	104.2-j54.9
A2-Ts	553-j733.4	A1-Tn	571.2-j657
WF$_{13}$-Tn	697.4-j86.31	WF$_{24}$-Tk	697.1-j108.1

由表 7-20 可得，风电场出力 100% 时，系统各节点电压均控制在额定电压的 -3%～+7% 范围内。由表 7-21 可得，各线路潮流均未过载，风电场向系统注入有功，从系统吸收一定的无功功率。

通过仿真结果可以看出，海上风电接入局部电网后对各变电站母线电压有一定的影响，但影响不大。随着风电场出力的增加，风电场和网内母线的电压变化有先增加后降低的趋势，但是变化很小，约 0.005p.u.；机端母线电压起伏大，约 0.01p.u.。

海上风电接入局部电网后对系统潮流发生改变，同时风电的出力具有间歇性和随机性，会使得潮流的情况不断变化。但是随着风电场出力的变化，各线路都没有过负荷。随着风电场出力增加，风电场吸收的无功功率逐渐增加，电网注入风电场的无功功率也逐渐增加。随着风电场出力变化，由集控站从电网吸收的无功功率变化曲线分别如图 7-18 所示。

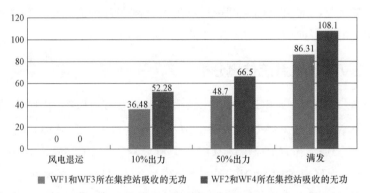

图 7-18　随风电场出力变化时集控站从系统吸收的无功功率

为了满足电网电压运行要求以及风电场接入电网技术规定中风电场无功配置原则，风电场在稳态运行时一般处于单位功率因数控制条件下，风电机组的无功容量及其调节能力有限，风电场主变压器低压侧需要安装无功补偿装置，以适应不同风电出力状态下的无功调节要求，并均以风电场并网点电压作为控制目标。无功补偿的容量与风电场的容量有关，应按照分层分区基本平衡的原则进行配置，其配置的容性无功容量除了能够补偿并网点以下风电场汇集系统及主变压器的感性无功损耗外，还要能够补偿风电场满发时送出线路一半的感性无功损耗并满足检修备用要求，必要时配置动态无功补偿装置。

总之，通过对接入海上风电场的地区电网进行潮流计算，校验了在风电场在单位功率因数控制条件下，不同出力下线路功率都没有越限，节点电压偏移很小，风电场的并网运行后对电力系统稳态运行的影响不大；由于风电场运行过程中需要吸收一定的无功功率，需要增加无功补偿设备。无功补偿设备的容量与风电场的容量有关，对于 300MW 的海上风电场 WF3 和海上风电场 WF4 无功补偿容量为 40～50Mvar，对于 400MW 的海上风电场 WF1 和海上风电场 WF2 无功补偿容量为 50～55Mvar。

7.3 海上风电高、低电压穿越特性仿真

风电场功率输出具有随机性和间歇性，在高风电渗透率下，风电场对区域电网的频率、电压等暂态特性的影响将非常突出，电网安全稳定形势更为复杂。因此，本节通过设置输电线路三相短路、两相短路、单相接地短路以及大机组脱网等故障类型，对风电场并网运行后地区电网在各种故障下的暂态稳定性问题展开相关的分析研究。

7.3.1 SVG 接入系统仿真分析

根据 7.2 节对海上风电场接入局部电网的稳态仿真可以得到，对于 300MW 的海上风电场 WF3 和海上风电场 WF4 无功补偿容量为 40～50Mvar，对于 400MW 的海上风电场 WF1 和海上风电场 WF2 无功补偿容量为 50～55Mvar。因此，本小节主要验证海上风电场加入 SVG 对海上风电场故障穿越特性的影响分析。

在海上风电场 10%出力、在 Tm 母线上发生三相短路故障时，分别做陆上集控站不加和加入 SVG 两种工况下的仿真，观察各风电场的有功无功出力以及并网点电压。

工况 1：海上风电场 10%出力，陆上集控站不加 SVG，Tm 母线上于 0.8s 发生三相短路故障，故障持续 100ms 后消除。

由图 7-19 可得，在故障期间，海上风电场 WF3 出口侧电压跌落到额定值的 45%，有功输出跌落到正常运行时的 83.3%左右，无功输出 10Mvar 用以提升出口侧电压。海上风电场 WF1 出口侧电压跌落到额定值的 45%，有功输出跌落到正常运行时的 82.5%左右，无功输出 13Mvar 用以提升出口侧电压。由图 7-19（c）和（d）可以看出，在故障期间，风电场内风机 Chopper 投入运行，风电场进入低压故障穿越，风电场在故障消失后能够恢复到正常运行，表

明海上风电场具备一定的故障穿越能力。

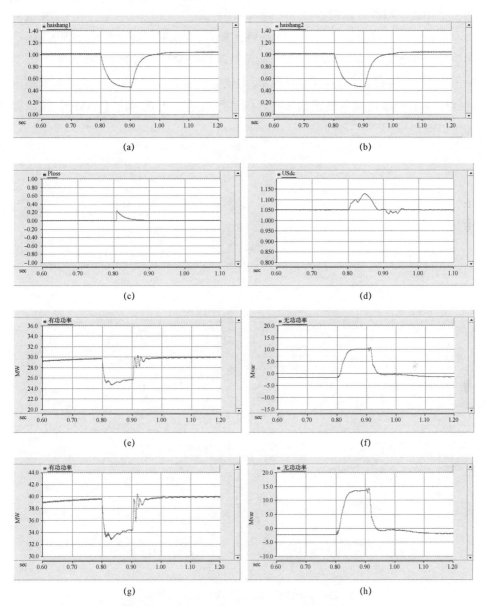

图 7-19　沙扒风电场不加 SVG 时暂态仿真曲线

（a）海上风电场 WF3 出口侧电压；（b）海上风电场 WF1 出口侧电压；

（c）海上风电场 WF3 风机 Chopper 损耗；（d）海上风电场 WF3 风机直流侧电压；

（e）海上风电场 WF3 有功出力；（f）海上风电场 WF3 无功出力；

（g）海上风电场 WF1 有功出力；（h）海上风电场 WF1 无功出力

工况 2：海上风电场 10%出力，陆上集控站加入 SVG，Tm 母线上于 0.8s 发生三相短路故障，故障持续 100ms 后消除。

由图 7-20 可得，在工况 1 的基础上加入 SVG 时，海上风电场 WF3 出口侧电压跌落到额定值的 55%，有功输出跌落到正常运行时的 86.7%左右，无功输出 12Mvar 用以提升出口侧电压。海上风电场 WF1 出口侧电压跌落到额定值的 55%，有功输出跌落到正常运行时的 85%左右，无功输出 17.5Mvar 用以提升出口侧电压。

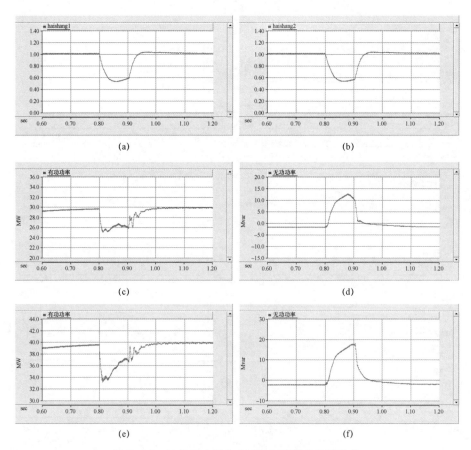

(a) (b)

(c) (d)

(e) (f)

图 7-20 沙扒风电场加入 SVG 时暂态仿真曲线
（a）海上风电场 WF3 出口侧电压；（b）海上风电场 WF1 出口侧电压；（c）海上风电场 WF3 有功出力；
（d）海上风电场 WF3 无功出力；（e）海上风电场 WF1 有功出力；（f）海上风电场 WF1 无功出力

为了更好地对比 SVG 接入对风电场的影响，将两种工况数据导入 MATLAB，得到如图 7-21 所示的仿真对比图。

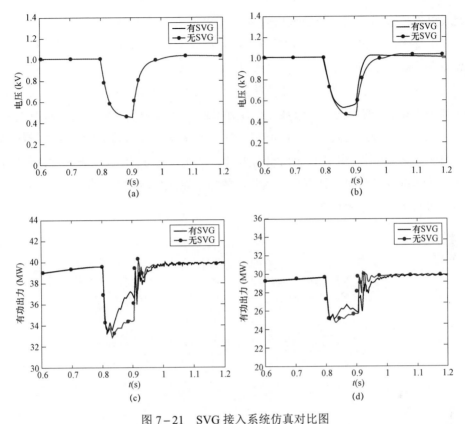

图 7-21　SVG 接入系统仿真对比图

（a）海上风电场 WF3 出口侧电压对比图；（b）海上风电场 WF1 出口侧电压对比图；
（c）海上风电场 WF1 有功出力对比图；（d）海上风电场 WF3 有功出力对比图

由图 7-21 对比可得，在陆上集控站加入 SVG 后，风电场出口侧电压跌落较不加 SVG 时变小，且电压恢复速度变大，各海上风电场在故障期间有功跌落也随着电压跌落变小而变小；此外，由于风电场出口侧电压跌落的减小，其故障穿越可维持时间得以增加。风电场采用 SVG 作为动态无功补偿措施后，可以满足并网准则对低电压穿越过程中动态无功支撑要求，提高故障穿越能力，同时也提高了系统的稳定性。

7.3.2　不同故障方式下的仿真分析

为分析海上风电场的接入对电网暂态特性的影响，本节通过设置输电线路三相短路，两相短路和单相接地短路等故障类型，对海上风电场并网运行后，该局部电网在不同位置故障及不同故障方式下的暂态稳定性问题展开分析研

海上风电接入电网建模与故障穿越技术

究（以下仿真均在风电场 10% 出力及加入 SVG 场景下运行）。

工况 1：Tm 母线发生三相短路故障；在 $t=0.8s$ 时该点发生三相短路故障，故障在 100ms 后切除。

由图 7−22（a）和（b）可以看出，Tn 母线处电压在故障后迅速降低，下降到 0.45p.u. 左右，而 Tk 母线处电压在故障后迅速降低，但只下降到 0.7p.u. 左右。由图 7−22（c）、（d）、（e）和（f）可以看出，在故障期间，由于母线电压的下降，有功出力下降，无功出力上升。同时对比可以看出，电压跌落越低，有功下降越多，无功上升越多。因此，故障点距风电场的距离越近，对风电场的有功无功出力影响越大。

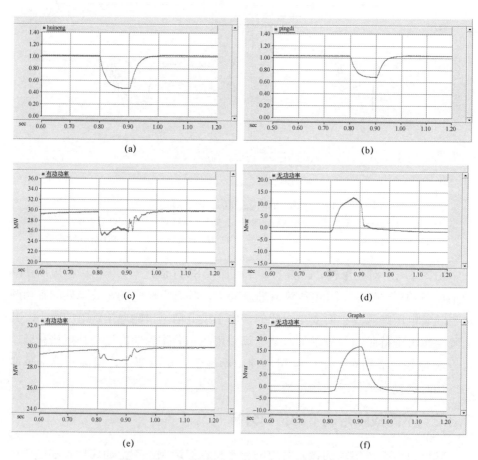

图 7−22 Tm 母线三相短路故障下的仿真曲线

（a）Tn 母线电压；（b）Tk 母线电压；（c）海上风电场 WF3 有功出力；
（d）海上风电场 WF3 无功出力；（e）海上风电场 WF4 有功出力；（f）海上风电场 WF4 无功出力

工况 2：Tm 母线发生两相接地短路故障；在 $t=0.8$s 时该点发生 AB 两相接地短路故障，故障在 100ms 后切除。

由图 7-23（a）和（b）可以看出，Tn 母线处电压在故障后迅速降低，下降到 0.7p.u.左右，而 Tk 母线处电压在故障后迅速降低，但只下降到 0.82p.u.左右。由图 7-23（c）和（d）、（e）和（f）可以看出，在故障期间，由于母线电压下降较低，因此，风电场的有功出力和无功出力波动均不大。

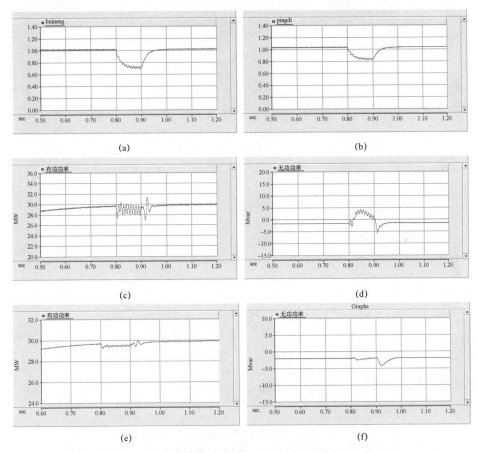

图 7-23　Tm 母线两相接地短路故障下的仿真曲线

（a）Tn 母线电压；（b）Tk 母线电压；（c）海上风电场 WF3 有功出力；（d）海上风电场 WF3 无功出力；（e）海上风电场 WF4 有功出力；（f）海上风电场 WF4 无功出力

工况 3：Tm 母线发生单相接地故障；在 $t=0.8$s 时该点发生 A 相接地故障，故障在 100ms 后切除。

由图 7-24 可以看出，在 Tm 母线发生单相接地故障时，Tn 和 Tk 母线电压下降很小，风电场的有功出力和无功出力波动均不大。此外，由图 7-24（e）和（f）可以看出，风电场在故障期间几乎没有波动，即故障期间没有进入低压故障穿越，这也验证了电压跌落到 0.9p.u. 以下才进入低压故障穿越的结论。因此，局部电网发生单相接地故障时对风电场几乎没有影响。

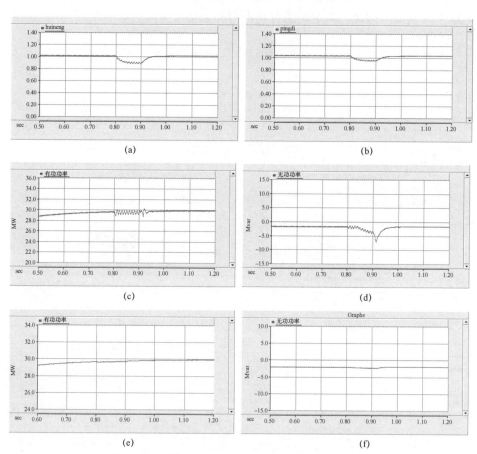

(a)   (b)

(c)   (d)

(e)   (f)

图 7-24   Tm 母线单相接地短路故障下的仿真曲线

（a）Tn 母线电压；（b）Tk 母线电压；（c）海上风电场 WF3 有功出力；（d）海上风电场
WF3 无功出力；（e）海上风电场 WF4 有功出力；（f）海上风电场 WF4 无功出力

工况 4：Ts 母线发生三相短路故障；在 $t=0.8\mathrm{s}$ 时该点发生三相短路故障，故障在 100ms 后切除。

由图 7-25（a）和（b）可以看出，Tk 母线处电压在故障后迅速降低，下降到 0.45p.u.左右，而 Tn 母线处电压在故障后迅速降低，但只下降到 0.8p.u.
左右。由图 7-25（c）～图 7-25（f）可以看出，在故障期间，由于母线电压
的下降，有功出力下降，无功出力上升。同时对比可以看出，电压跌落越低，
有功下降越多，无功上升越多。因此，故障点距风电场的距离越近，对风电场
的有功无功出力影响越大。

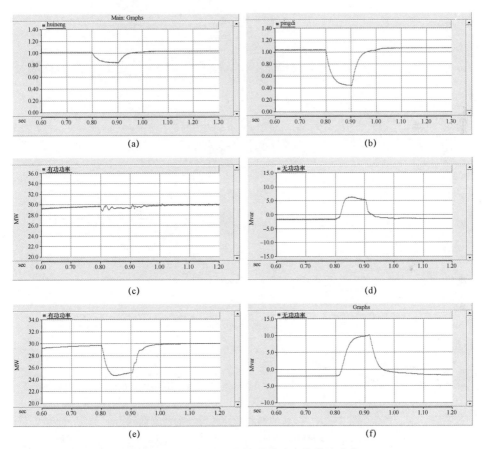

图 7-25　Ts 母线三相短路故障下的仿真曲线

（a）Tn 母线电压；（b）Tk 母线电压；（c）海上风电场 WF3 有功出力；（d）海上风电场
WF3 无功出力；（e）海上风电场 WF4 有功出力；（f）海上风电场 WF4 无功出力

工况 5：Ts 母线发生两相接地短路故障；在 $t=0.8s$ 时该点发生 AB 两相接
地短路故障，故障在 100ms 后切除。

由图 7-26（a）和（b）可以看出，Tk 母线处电压在故障后迅速降低，下

降到 0.7p.u.左右，而 Tn 母线处电压在故障后迅速降低，但只下降到 0.9p.u.左右。由图 7−26（c）～图 7−26（f）可以看出，在故障期间，由于母线电压下降较低，因此，风电场的有功出力和无功出力波动均不大。

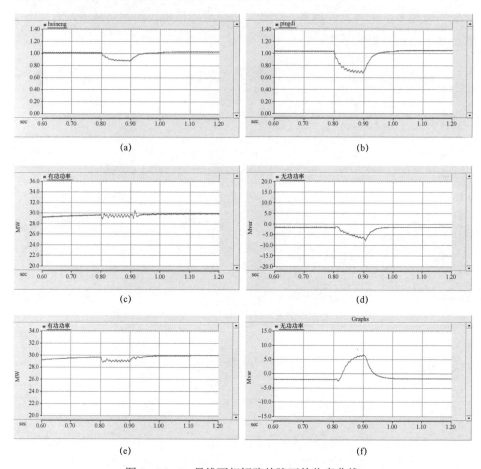

图 7−26　Ts 母线两相短路故障下的仿真曲线

（a）Tn 母线电压；（b）Tk 母线电压；（c）海上风电场 WF3 有功出力；（d）海上风电场 WF3 无功出力；（e）海上风电场 WF4 有功出力；（f）海上风电场 WF4 无功出力

工况 6：Ts 母线发生单相接地故障；在 $t=0.8s$ 时该点发生 A 单相接地故障，故障在 100ms 后切除。

由图 7−27 可以看出，在 Tm 母线发生单相接地故障时，Tn 和 Tk 母线电压下降很小，风电场的有功出力和无功出力波动均不大。此外，由图 7−27（c）和（d）可以看出，风电场在故障期间几乎没有波动，即故障期间没有进入低压故障穿越，这也验证了电压跌落到 0.9p.u. 以下才进入低压故障穿越的结论。因此，局部电网发生单相接地故障时对风电场几乎没有影响。

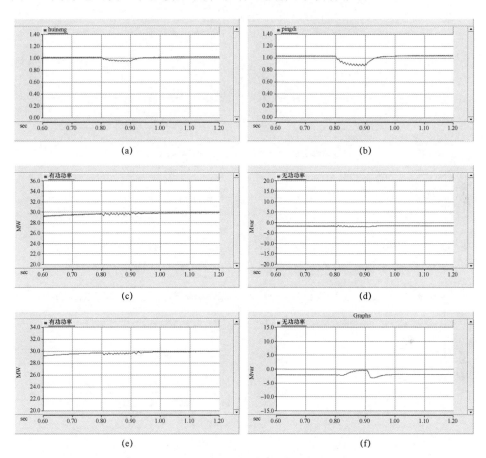

图 7−27　Ts 母线单相接地故障下的仿真曲线

（a）Tn 母线电压；（b）Tk 母线电压；（c）海上风电场 WF3 有功出力；（d）海上风电场
WF3 无功出力；（e）海上风电场 WF4 有功出力；（f）海上风电场 WF4 无功出力

工况 7：Tn 母线发生三相短路故障；在 $t=0.8s$ 时该点发生三相短路故障，故障在 100ms 后切除。

由图 7−28（a）和（b）可以看出，Tk 母线处电压在故障后迅速降低，下降到 0.7p.u. 左右，Tn 母线处电压在故障后迅速降低，下降到 0 附近。由图 7−28（c）可以看出，故障结束后，风电场出力一直为 0，说明此时风电场已经脱网，与图 7−28（g）的切机情况保持一致。因此，在局部电网发生故障时，存在风机脱网的风险。

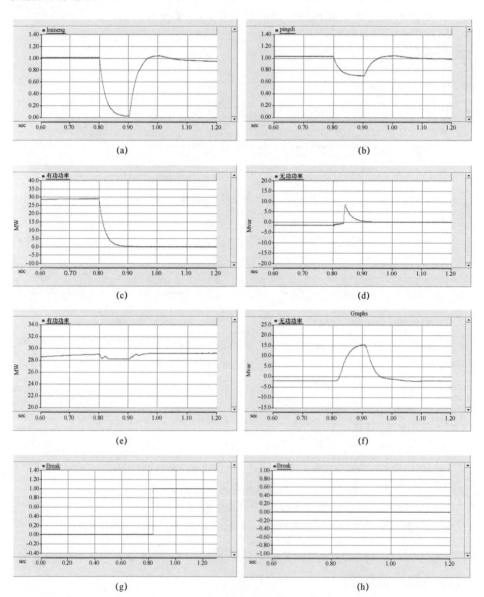

图 7-28 Tn 母线三相短路故障下的仿真曲线

（a）Tn 母线电压；（b）Tk 母线电压；（c）海上风电场 WF3 有功出力；

（d）海上风电场 WF3 无功出力；（e）海上风电场 WF4 有功出力；

（f）海上风电场 WF4 无功出力；（g）海上风电场 WF3 切机情况；

（h）海上风电场 WF4 切机情况

工况 8：Tq 母线发生三相短路故障；在 t=0.8s 时该点发生三相短路故障，故障在 100ms 后切除。

由图 7-29 可知，此工况下的仿真与南方电网采用电磁–机电混合仿真方法（风电场采用电磁暂态详细模型仿真，电网采用机电暂态详细模型仿真）基本一致。当 0.8s 发生故障时，Tq 母线电压跌落至 0，Tk 母线电压跌到额定值的 0.35p.u.，风机检测到电压跌落之后开始进入低电压穿越控制：有功功率跌落，无功功率提升，直到故障结束。风机的有功、无功响应均符合典型的风机低电压穿越功率响应，与实际基本相符。

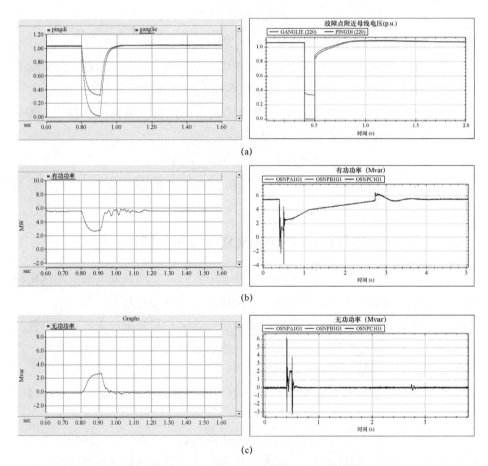

图 7-29　Tq 母线三相短路故障下的仿真曲线

（a）母线电压对比图；（b）机组有功出力对比图；（c）机组无功出力对比图

7.4　海上风电频率特性仿真

7.4.1　电力系统频率响应特性分析

当电力系统的频率发生变化时，同步发电机组的转子转速会迅速反应，同样发生类似的变化，进而调整有功出力的过程称为惯性响应，同步发电机组的惯性响应机理如式（7-1）所示。

$$J\frac{\mathrm{d}\omega}{\mathrm{d}t} = T_\mathrm{m} - T_\mathrm{e} \qquad (7-1)$$

式中：J 为转动惯量；T_m 为机械转矩；T_e 为电磁转矩。

同步发电机组的频率惯性响应可以在频率发生变化的初始阶段，此阶段系统中一次调频尚未开始，可以抑制频率变化。当系统的频率偏差超过一次调频门槛值时，同步发电机组的调速器开始动作，此阶段称为一次频率调整，电力系统一次调频的机理如式（7-2）所示。

$$-\Delta P_\mathrm{L0} = (K_\mathrm{G} + K_\mathrm{L})\Delta f = K_\mathrm{S}\Delta f \qquad (7-2)$$

式中：ΔP_L0 为有功的不平衡量；K_G、K_L 和 K_S 分别为同步发电机组、负荷和系统的单位调节功率；Δf 为频率的偏差。

7.4.2　风电并网对电力系统频率响应特性影响理论分析

根据电力系统的频率响应特性，以及永磁直驱同步风力发电机组的结构特点，可以得知风电并网对电力系统频率响应的影响主要有两个方面：

（1）永磁直驱同步风力发电机组的转子转速由控制系统决定，导致转速与系统频率之间的耦合性较弱，不像常规同步发电机组响应系统的频率变化，体现在具体参数上就是不具有转动惯量 J。

（2）永磁直驱同步风力发电机组不具有调速器和备用容量实现一次调频的作用，体现在具体参数上是 K_G 为零。

大规模风电接入电力系统后，风电的渗透率较高，会导致系统的等效转动惯量 J_S 和等效单位调节功率 K_S 越小，从而主要影响电力系统的惯性响应和一次调频响应这两个过程。

7.4.3　不同风电渗透率下电力系统的频率响应特性

为比较不同风电渗透率下电力系统的频率响应特性，在 PSCAD/EMTDC
中分别做了下面两种场景工况下的仿真。场景 1：火电厂出力不变，Tm 变电站
负荷突增 500MW，改变风电场出力；场景 2：风电场代替火电厂，Tm 变电站
负荷突增 500MW。

针对场景 1，保持火电厂出力不变，分别设置风电场的出力为 0%，10%，50%
和 100%，扰动为 Tm 变电站负荷突增 500MW，得到图 7-30 所示的仿真结果。

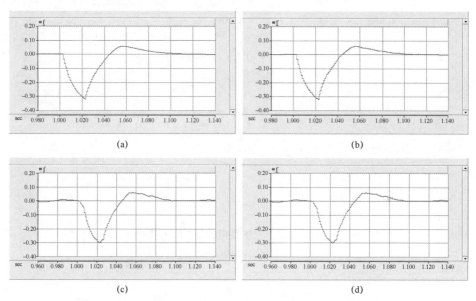

图 7-30　风电场不同出力时发生负荷突增后的频率响应曲线
（a）风电场 0%出力；（b）风电场 10%出力；（c）风电场 50%出力；（d）风电场 100%出力

由图 7-31 可得，在火电厂出力不变、Tm 变电站负荷突增 500MW 工况下，
随着风电并网容量的增大，频率稳态偏差是基本不变的。

针对场景 2，扰动为 Tm 变电站负荷突增 500MW 分别做正常运行（工况 1：
火电厂出力 1200MW）和风电场代替火电厂（工况 2：火电厂出力为 0）两种
工况下的仿真，得到如图 7-32 所示的仿真结果。

由图 7-33 可得，风电场代替火电厂之后，在系统扰动相同的情况下频率
稳态偏差增大，这验证了 7.4.2 节中的结论：风电接入导致系统的等效单位调
节功率因数 K_S 降低，进而导致一次调频后的频率稳态偏差更大。

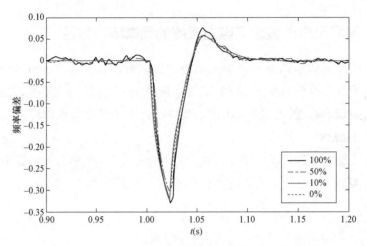

图 7-31　频率响应曲线对比图

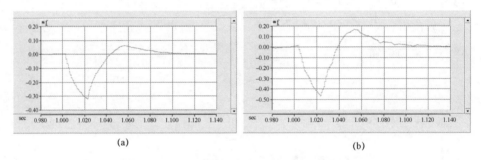

(a)　　　　　　　　　　　　　　　　(b)

图 7-32　不同工况下发生负荷突增后的频率响应曲线

（a）工况 1；（b）工况 2

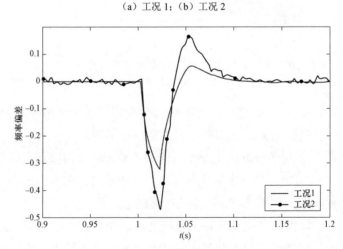

图 7-33　频率响应曲线对比图

7.5　柔直并网海上风电协调控制特性仿真

本节以深水区海上风电场（900MW）经柔性直流输电系统并入局部电网为例，考虑了局部电网不同位置发生三相短路故障时，柔性直流输电系统和风电场暂态响应特性，并基于 PSCAD 平台对其进行仿真和分析。

7.5.1　网侧换流站交流母线故障

对于深水区海上风电场柔直系统，考虑仅采用卸荷电路和协调控制两种故障穿越策略，当网侧换流站交流母线发生三相接地短路故障时，风电场柔直并网系统暂态响应仿真结果如图 7-34 和图 7-35 所示。

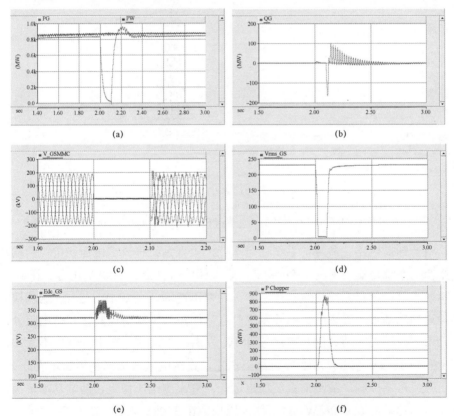

图 7-34　故障时卸荷电路法海上风电系统响应曲线

（a）直流系统两端功率；（b）GSMMC 侧无功功率；（c）GSMMC 侧电压瞬时值；
（d）GSMMC 侧电压有效值；（e）直流侧电压；（f）卸荷电阻消耗功率

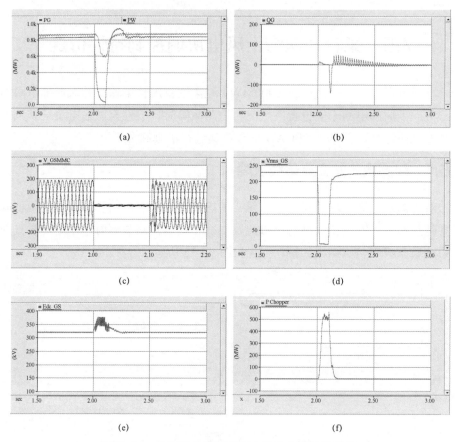

图7-35 故障时协调控制海上风电系统响应曲线
（a）直流系统两端功率；（b）GSMMC侧无功功率；（c）GSMMC侧电压瞬时值；
（d）GSMMC侧电压有效值；（e）直流侧电压；（f）卸荷电阻消耗功率

（1）卸荷电路。故障前系统稳定运行，柔直系统直流侧电压稳定，两端功率平衡，系统传输功率约为900MW，直流侧电压稳定在320kV附近。在$t=2$s故障发生时，柔直系统受端换流站输送功率迅速降低至0MW左右，送端换流站输送功率基本不受影响。故障发生时直流侧投入了卸荷电阻，卸荷电阻处于全功率工作模式，消耗的功率达850MW左右。直流侧电压上升幅度不大，最高上升到385kV左右，$t=2.1$s时故障消除，直流电压很快恢复到稳定值。

（2）协调控制。故障前系统稳定运行，直流侧电压稳定，两端功率平衡，系统传输功率约为900MW，直流侧电压稳定在320kV附近。在$t=2$s故障发生时，受端换流站输送功率迅速降低至0MW左右，送端换流站输送功率基本不受影响。首先，WFMMC采用了降压法控制，控制送端有功功率下降；其次，

186

投入卸荷电阻进行功率消耗，卸荷电阻容量为 585MW。从仿真图中可以看出，直流侧电压上升幅度不大，最高上升到 375kV 左右，卸荷电路消耗功率为 520MW 左右。故障消除后，直流电压可以很快恢复到稳定值。采取这样的方法，可以有效减少卸荷电路的容量，同时也能保证故障穿越的可靠完成。

7.5.2 变电站 Ta 处故障

变电站 Ta 集电母线处发生三相接地短路故障时，深水区海上风电场也要受到故障的影响，且感受到的故障影响较之变电站 Ta 要轻，在此情况下观察深水区海上风电场的暂态响应情况。考虑柔直系统仅采用卸荷电路和采用协调控制两种故障穿越策略，故障过程中系统暂态响应仿真结果如图 7-36 和图 7-37 所示。

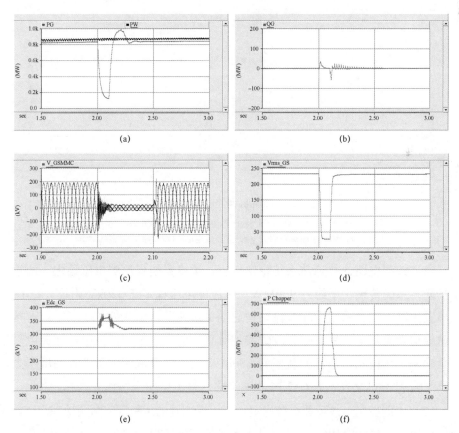

图 7-36 变电站 Ta 故障时卸荷电路法海上风电系统响应曲线

（a）直流系统两端功率；（b）GSMMC 侧无功功率；（c）GSMMC 侧电压瞬时值；
（d）GSMMC 侧电压有效值；（e）直流侧电压；（f）卸荷电阻消耗功率

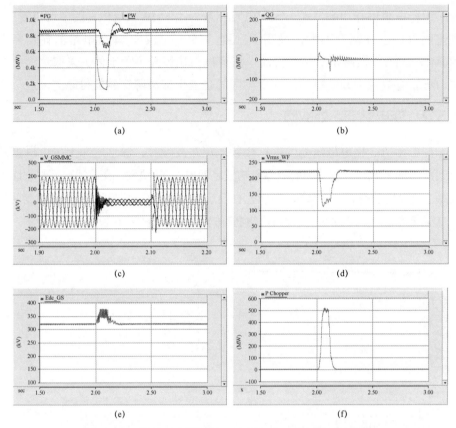

图 7-37　蝶岭站故障时协调控制海上风电系统响应曲线
（a）直流系统两端功率；（b）GSMMC 侧无功功率；（c）GSMMC 侧电压瞬时值；
（d）WFMMC 侧电压有效值；（e）直流侧电压；（f）卸荷电阻消耗功率

（1）卸荷电路。故障前系统稳定运行，柔直系统直流侧电压稳定，两端功率平衡，系统传输功率约为 900MW，直流侧电压稳定在 320kV 附近。在 $t=2s$ 故障发生时，柔直系统受端换流站输送功率迅速降低至 150MW 左右，送端换流站输送功率基本不受影响。故障发生时直流侧投入了卸荷电阻，卸荷电阻处于全功率工作模式，消耗的功率为 680MW 左右。直流侧电压上升幅度不大，最高上升到 370kV 左右，$t=2.1s$ 故障消除，直流电压很快恢复到稳定值。

（2）协调控制。故障前系统稳定运行，直流侧电压稳定，两端功率平衡，系统传输功率约为 900MW，直流侧电压稳定在 320kV 附近。在 $t=2s$ 故障发生时，受端换流站输送功率迅速降低至 150MW 左右，送端换流站输送功率基本不受影响。首先，WFMMC 采用了降压法控制，控制送端有功功率下降；其次，投入卸

荷电阻进行功率消耗，卸荷电阻取值为 585MW。从仿真图中可以看出，WFMMC
侧电压下降，直流侧电压上升幅度不大，最高上升到 375kV 左右，卸荷电路消耗
功率为 520MW 左右。t=2.1s 故障消除，直流电压可以很快恢复到稳定值。采取
这样的方法可以有效减少卸荷电路的容量，同时也能保证故障穿越的可靠完成。

7.5.3　变电站 Tb 处故障

变电站 Tb 集电母线处发生三相接地短路故障时，深水区海上风电场同样
要受到影响，变电站 Tb 距离海上风电场比变电站 Ta 要远，感受到的故障较之
变电站 Ta 故障时更轻。在此种情况下观察深水区海上风电场的暂态响应情况，
考虑柔直系统卸荷电路和协调控制两种故障穿越策略，故障过程中系统暂态响
应仿真结果如图 7-38 和图 7-39 所示。

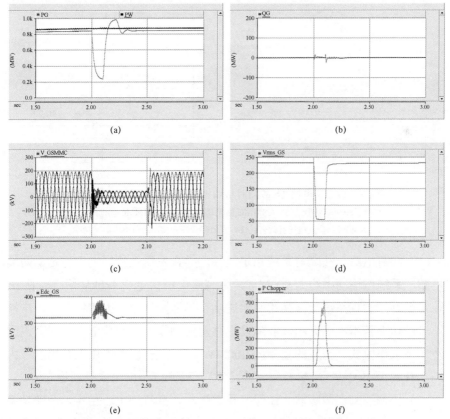

图 7-38　变电站 Tb 故障时卸荷电路海上风电系统响应曲线
（a）直流系统两端功率；（b）GSMMC 侧无功功率；（c）GSMMC 侧电压瞬时值；
（d）GSMMC 侧电压有效值；（e）直流侧电压；（f）卸荷电阻消耗功率

189

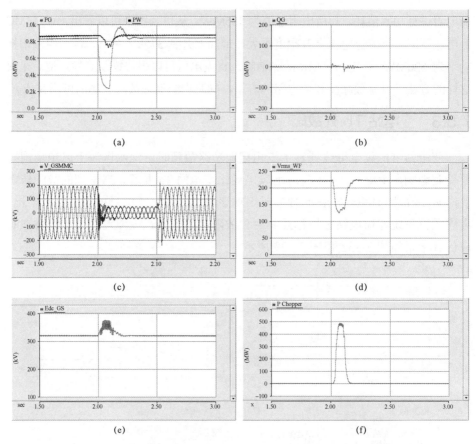

图 7-39　变电站 Tb 故障时协调控制海上风电系统响应曲线
（a）直流系统两端功率；（b）GSMMC 侧无功功率；（c）GSMMC 侧电压瞬时值；
（d）WFMMC 侧电压有效值；（e）直流侧电压；（f）卸荷电阻消耗功率

（1）卸荷电路。故障前系统稳定运行，柔直系统直流侧电压稳定，两端功率平衡，系统传输功率约为 900MW，直流侧电压稳定在 320kV 附近。在 $t=2s$ 故障发生时，柔直系统受端换流站输送功率迅速降低至 240MW 左右，送端换流站输送功率基本不受影响。故障发生时直流侧投入了卸荷电阻，卸荷电阻处于全功率工作模式，消耗的功率为 700MW 左右。直流侧电压上升幅度不大，最高上升到 385kV 左右，$t=2.1s$ 故障消除，直流电压很快恢复到稳定值。

（2）协调控制。故障前系统保持稳定运行，直流侧电压稳定，两端功率平衡，系统传输功率约为 900MW，直流侧电压稳定在 320kV 附近。在 $t=2s$ 故障发生时，受端换流站输送功率迅速降低至 240MW 左右，送端换流站输送功率基本不受影响。首先，WFMMC 采用了降压法控制，控制送端有功功率下降；其次，投入卸荷电阻进行功率消耗，卸荷电阻取值为 585MW。从仿真图中可以看出，WFMMC 侧电压下降，直流侧电压上升幅度不大，最高上升到 375kV 左右，卸荷电路消耗功率为 490MW 左右。$t=2.1s$ 故障消除，直流电压可以很快恢复到稳定值。采取协调控制策略，可以有效减少卸荷电路的容量，同时也能保证故障穿越的可靠完成。

从以上仿真结果可以看出，故障发生时，陆上交流电网不同位置感受到的故障程度是不一样的。柔直系统可以有效隔离来自网侧的故障，使风电场免受影响。同时，故障过程中，柔直的网侧换流站会提供一定的无功功率。柔直系统的故障穿越措施有卸荷电路法和降压法与卸荷电路的协调控制两种。仅采用卸荷电路时，柔直系统需要选取与柔直等额定容量的卸荷电阻，在实际工作中，就会涉及设备的占地、成本以及散热问题。采用降压法与卸荷电路的协调控制策略时，柔直会将一部分故障穿越压力传递给风电场，通过风电场侧换流站的降压控制来强迫风电机组进入低压故障穿越，使风电场有功功率输出减少，剩余的功率差额再由卸荷电路来消耗，较之单纯卸荷电路法选择的电阻容量要小，具有很大的现实意义。

7.6 谐波仿真及治理

7.6.1 风电场谐波仿真分析

风电机组发电机本身产生的谐波是可以忽略的，谐波电流的主要来源于风电机组中的电力电子变流环节❶。根据《MySE5.5 – 155 型风力发电机组电能质量测试报告》，MySE5.5 – 155 型风电机组谐波电流幅频特性如图 7 – 40 所示。

结合风场接入电网的方式，通过仿真可计算出某风电场运行过程中产生并注入 PCC 点的各次谐波电流的最大值，见表 7 – 22。并网点各次谐波电压含有率及电压波形总畸变率见表 7 – 23。对应的谐波潮流图如图 7 – 41 所示。

---

❶ Fan L，Yuvarajan S，Kavasseri R. Harmonic Analysis of a DFIG for a Wind Energy Conversion System. IEEE Transactions on Energy Conversion，2010，25（1）：181 – 190.

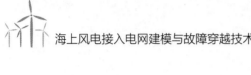

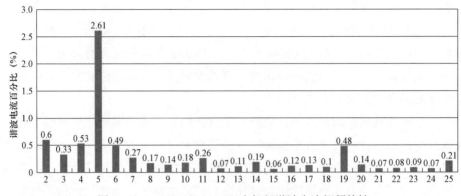

图 7-40　MySE5.5-155 风电机组谐波电流幅频特性

表 7-22　　　　　　风电场运行过程中产生的最大谐波电流
以及谐波电流允许值

谐波次数	注入 PCC 点的最大谐波电流（A）	注入 PCC 点谐波电流允许值（A）	是否超标
2	5.46	12.10	否
3	3.17	3.20	否
4	5.20	6.05	否
5	27.16	3.92	是
6	5.94	4.03	是
7	3.38	3.84	否
8	2.40	3.02	否
9	2.88	3.23	否
10	3.57	2.42	是
11	6.57	3.73	是
12	5.32	2.02	是
13	6.21	3.47	是
14	25.18	1.71	是
15	2.46	1.92	是
16	8.90	1.51	是

续表

谐波次数	注入 PCC 点的最大谐波电流（A）	注入 PCC 点谐波电流允许值（A）	是否超标
17	5.94	2.82	是
18	2.13	1.31	是
19	13.54	2.52	是
20	3.49	1.21	是
21	1.28	1.41	否
22	1.78	1.11	是
23	2.03	2.12	否
24	1.52	1.01	是
25	5.20	1.92	是

表 7 - 23　　　　　　　　风电场引起 PCC 点的谐波电压含量

谐波次数	PCC 点谐波电压（%）	PCC 点谐波电压限值（%）	是否超标
2	0.01	0.8	否
3	0.01	1.6	否
4	0.03	0.8	否
5	0.17	1.6	否
6	0.04	0.8	否
7	0.03	1.6	否
8	0.02	0.8	否
9	0.03	1.6	否
10	0.04	0.8	否
11	0.09	1.6	否
12	0.08	0.8	否
13	0.10	1.6	否
14	0.43	0.8	否
15	0.04	1.6	否

续表

谐波次数	PCC 点谐波电压（%）	PCC 点谐波电压限值（%）	是否超标
16	0.17	0.8	否
17	0.12	1.6	否
18	0.05	0.8	否
19	0.32	1.6	否
20	0.09	0.8	否
21	0.03	1.6	否
22	0.05	0.8	否
23	0.06	1.6	否
24	0.04	0.8	否
25	0.16	1.6	否
THDU	0.65	2.0	否

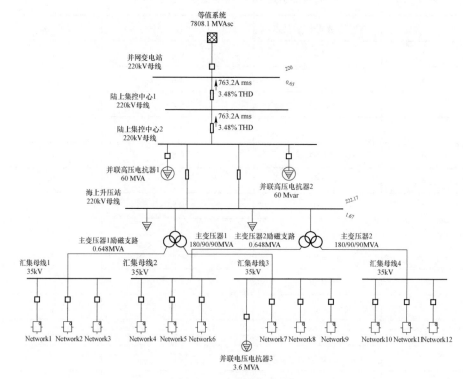

图 7-41　谐波潮流图

海上风电场注入 PCC 点的电流波形与各次谐波频谱如图 7－42 所示，风电
场在 PCC 点引起的电压畸变波形与各次谐波频谱如图 7－43 所示。

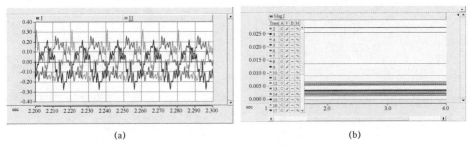

（a）　　　　　　　　　　　　　　　（b）

图 7－42　某风电场注入 PCC 点的电流波形与频谱图
（a）电流波形；（b）电流频谱

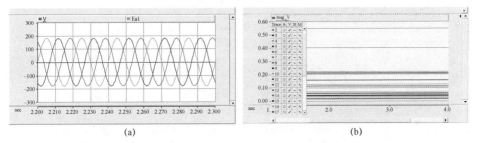

（a）　　　　　　　　　　　　　　　（b）

图 7－43　某海上风电场在 PCC 点引起电压波形畸变与频谱图
（a）电压波形；（b）电压频谱

从表 7－22 可知，某海上风电场并网运行所产生的各次谐波电流中有些谐波超过了国标限值，通过对海上风电陆上集控中心 220kV 母线进行阻抗扫描，得到阻抗扫描结果，如图 7－44 所示。通过图 7－44 可知，谐波超标的主要原因是谐波放大，需要采取治理措施。

在 PSCAD 中，以风电机组谐波电流数据为基础搭建了谐

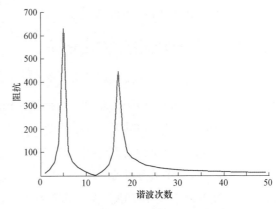

图 7－44　某海上风电场陆上集控中心
220kV 母线阻抗－频率特性

波电流源模型，其中 5 次谐波严重超标。然后将谐波电流源经高压电抗器接入电网，考察高压电抗器对谐波电流的影响，如图 7-45 所示。

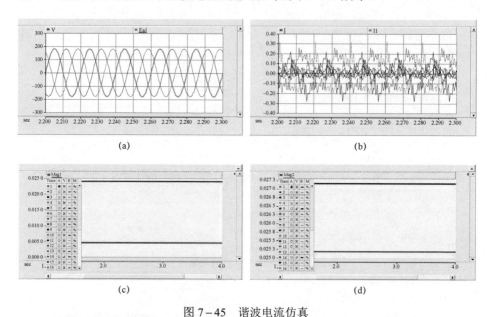

图 7-45 谐波电流仿真
(a) 高压电抗器两端电压；(b) 高压电抗器两端电流；(c) 高压电抗器前 5、14 次谐波电流幅值；
(d) 高压电抗器后 5、14 次谐波电流幅值

从仿真结果可以看出，高压电抗器两端电压重合，谐波电流经过高压电抗器之后被放大。以 5、14 次谐波电流为例，5、14 次谐波电流经过高压电抗器之后被放大，其中 14 次谐波被严重放大。

7.6.2 风电场谐波治理方法分析

（1）SVG 装置及滤波特性。增强型 SVG 作为有源型补偿装置，不仅可以跟踪冲击型负载的冲击电流，而且可以对谐波电流进行跟踪补偿。为抑制风电场注入并网点的谐波电流，在陆上集控站装设 2 套 SVG，每套 SVG 装置无功补偿容量在−33～+33Mvar 范围内动态连续可调；每套 SVG 应具有 100～650Hz 连续频率范围内各次谐波和间谐波分量滤除功能，其中 5 次最大滤波电流不低于 45A，4、7 次最大滤波电流不低于 20A，滤波跟踪动态响应时间不大于 100ms。

（2）SVG 安装位置。SVG 安装位置可选择海上风电场海上升压站侧或陆上集控站侧，由于海上升压站空间较宝贵，且涉及电力电子装置的运维，目前

SVG 装置均设计安装在陆上集控站，通过 1 台低压侧额定电压 35kV 容量 68MVA 双绕组变压器接入陆上集控站 220kV 侧，如图 7-46 所示。

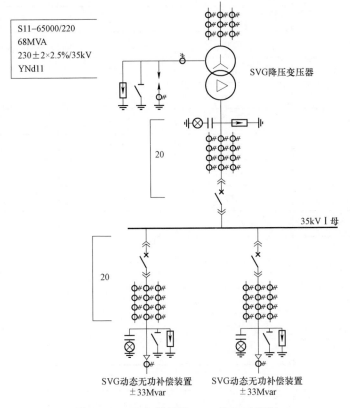

图 7-46　风电场项目 SVG 接入示意图

（3）SVG 治理效果分析。为解决谐波放大引起的谐波超标问题，通过在风电场陆上集控中心配置 SVG，仿真得到注入 PCC 点的谐波电流结果见表 7-24，从表中可以看出，SVG 对于谐波治理效果明显。

表 7-24　　　　增加 SVG 后注入 PCC 点的最大谐波电流

谐波次数	注入 PCC 点的最大谐波电流（A）	注入 PCC 点谐波电流允许值（A）	是否超标
2	0.29	12.10	否
3	3.14	3.20	否
4	0.35	6.05	否

续表

谐波次数	注入 PCC 点的最大谐波电流（A）	注入 PCC 点谐波电流允许值（A）	是否超标
5	2.07	3.92	否
6	6.00	4.03	是
7	1.14	3.84	否
8	0.13	3.02	否
9	2.96	3.23	否
10	0.16	2.42	否
11	0.33	3.73	否
12	6.35	2.02	是
13	0.52	3.47	否
14	0.22	1.71	否
15	2.35	1.92	是
16	0.15	1.51	否
17	0.37	2.82	否
18	1.99	1.31	是
19	1.00	2.52	否
20	0.35	1.21	否
21	1.22	1.41	否
22	0.30	1.11	否
23	0.70	2.12	否
24	1.47	1.01	是
25	1.60	1.92	否

在 PSCAD 中，在谐波电流源出口母线处分别搭建了有源滤波器模型和无源滤波器模型，考察有源滤波器和无源滤波器对谐波电流抑制的效果。

首先，考察有源滤波器对谐波电流的抑制效果，如图 7-47 所示。

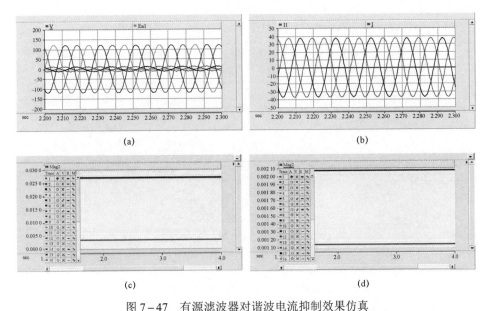

(a)　　　　　　　　　　　　(b)

(c)　　　　　　　　　　　　(d)

图 7-47　有源滤波器对谐波电流抑制效果仿真

（a）高压电抗器两端电压；（b）高压电抗器两端电流；（c）滤波前 5、7 次谐波电流幅值；
（d）滤波后 5、7 次谐波电流幅值

　　以 5、7 次谐波电流为例，从仿真结果可以看出，有源滤波器对谐波电流有很好的抑制效果。经过滤波之后 5、7 次谐波电流幅值大大减小。

　　其次，考察了无源滤波器对谐波电流的抑制效果，如图 7-48 所示。无源滤波器考虑滤除 5、7 以及 11 次谐波。无源滤波器参数见表 7-25。

表 7-25　　　　　　　　　无 源 滤 波 器 参 数 表

滤波回路	5 次	7 次	11 次
C（μF）	66.2	33.1	16.5
L（mH）	6.38	6.44	5.19

　　从仿真结果可以看出，无源滤波器同样对谐波电流有很好的抑制效果。经过滤波之后 5、7 次谐波电流幅值也大大减小，甚至减小得更多。

　　最后,对有源滤波器和无源滤波器的滤波效果进行比较,仿真结果如图 7-49 所示。

海上风电接入电网建模与故障穿越技术

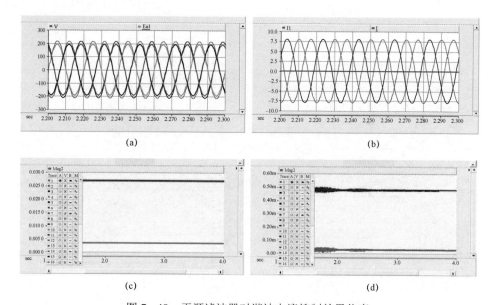

(a)   (b)

图 7-48　无源滤波器对谐波电流抑制效果仿真

（a）高压电抗器两端电压；（b）高压电抗器两端电流；（c）滤波前 5、7 次谐波电流幅值；
（d）滤波后 5、7 次谐波电流幅值

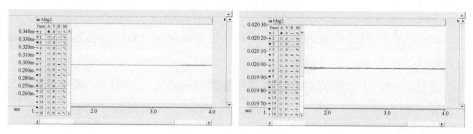

图 7-49　有源和无源滤波器对 2 次谐波电流抑制效果仿真

上面仿真结果中，左边为有源滤波器对 2 次谐波滤除效果，右边为无源滤波器对 2 次谐波滤除效果。从图中可以看出，无源滤波器对 2 次谐波滤除不大，有源滤波器则大大减小了 2 次谐波电流。有源和无源滤波器下谐波电流的对比如表 7-26 所示。

表 7-26　　　　　　　有源和无源滤波器下谐波电流

谐波次数	有源滤波器下 PCC 点的谐波电流（A）	无源滤波器下 PCC 点的谐波电流（A）
2	0.29	19.97
3	3.14	0.86
4	0.35	0.97

200

续表

谐波次数	有源滤波器下 PCC 点的谐波电流（A）	无源滤波器下 PCC 点的谐波电流（A）
5	2.07	0.48
6	6.00	2.21
7	1.14	0.05
8	0.13	0.20
9	2.96	0.26
10	0.16	0.27
11	0.33	0.04
12	6.35	0.02
13	0.52	0.10
14	0.22	0.24
15	2.35	0.08
16	0.15	0.22
17	0.37	0.32
18	1.99	0.18
19	1.00	1.67
20	0.35	0.61
21	1.22	0.28
22	0.30	0.61
23	0.70	0.96
24	1.47	0.96
25	1.60	4.84

　　有源滤波器和无源滤波器的区别是有源滤波器可以主动产生一个与系统谐波大小相等相位相反的谐波，以"抵消"系统产生的谐波❶。无源滤波器是利用阻容器件的 LC 特性，对系统中某一特定频率形成一个低阻通道，这个低阻通道与系统阻抗形成并联分流关系，让谐波成分从滤波器中流过。也就是说无源滤波器是利用 LC 谐振回路对电网系统中的某一次或几次谐波进行滤波，从而达到滤波效果。

---

❶ 侯睿，武健，徐殿国. 并联有源滤波器 LCI 滤波器特性分析及设计方法. 电工技术学报，2014，29（10）：191－198.

7.7 工频过电压仿真分析

报告中过电压单位为标幺值，基准值选择每相峰值为 $252\sqrt{2}/\sqrt{3}$kV。根据 DL/T 5429—2009《电力系统设计技术规程》，220kV 线路工频过电压一般不超过 1.3p.u.。

7.7.1 非全相运行工频过电压

海上升压站通过两回 220kV 送出海底电缆与陆上集控站连接，单回长度为 39.5km，陆地侧计划安装容量为 50Mvar 的高压电抗器。海底电缆一般不会发生非全相运行，当陆上集控中心至变电站 Tn 架空线路变电站侧发生单相或两相开关误动跳闸时，架空线路发生非全相运行方式，此时会造成与之相连的海底电缆三相电压不平衡，形成工频过电压。因此，本次计算主要关注架空线路发生非全相运行时，海上升压站至陆上集控中心的两回 220kV 海底电缆的工频过电压情况。

陆上集控中心至 220kV Tn 站架空线路变电站侧于 0.8s 发生单相开关误动跳闸时，分别对下面几种工况进行仿真分析。

工况 1：风电场全开机，出力 100%，输送容量为 400MW，陆上集控站加高压电抗器时，得到的单相误跳闸陆地侧和海上升压站的典型电压波形如图 7-50 和图 7-51 所示。

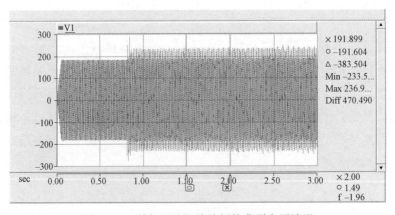

图 7-50 单相误跳闸陆地侧的典型电压波形

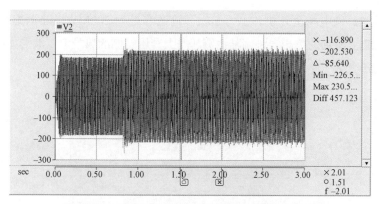

图 7 – 51　单相误跳闸海上升压侧的典型电压波形

　　工况 2：风电场全开机，出力 100%，输送容量为 400MW，陆上集控站不加高压电抗器时，得到的单相误跳闸陆地侧和海上升压站侧的典型电压波形如图 7 – 52 和图 7 – 53 所示。

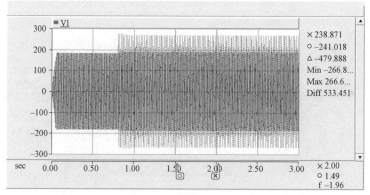

图 7 – 52　单相误跳闸陆地侧的典型电压波形

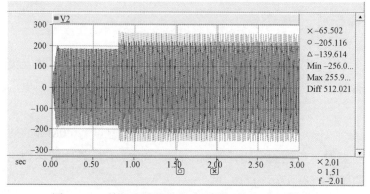

图 7 – 53　单相误跳闸海上升压站侧的典型电压波形

工况 3：风电场全开机，出力 50%，输送容量为 200MW，陆上集控站加高压电抗器时，得到的单相误跳闸陆地侧和海上升压站侧的典型电压波形如图 7−54 和图 7−55 所示。

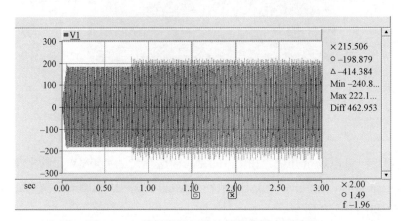

图 7−54　单相误跳闸陆地侧的典型电压波形

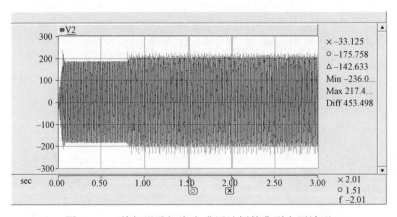

图 7−55　单相误跳闸海上升压站侧的典型电压波形

工况 4：风电场全开机，出力 50%，输送容量为 200MW，陆上集控站不加高压电抗器时，得到的单相误跳闸陆地侧和海上升压站侧的典型电压波形如图 7−56 和图 7−57 所示。

工况 5：风电场 10%开机，出力 100%，输送容量为 40MW，陆上集控站加高压电抗器时，得到的单相误跳闸陆地侧和海上升压站侧的典型电压波形如图 7−58 和图 7−59 所示。

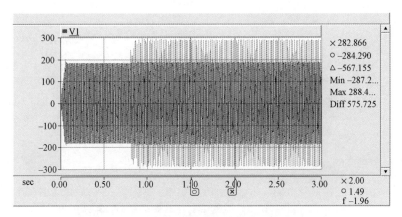

图 7-56　单相误跳闸陆地侧的典型电压波形

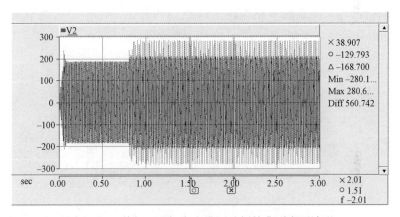

图 7-57　单相误跳闸海上升压站侧的典型电压波形

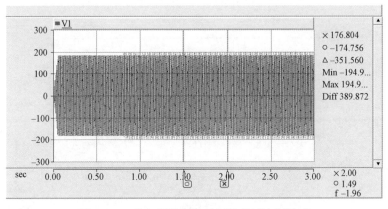

图 7-58　单相误跳闸陆地侧的典型电压波形

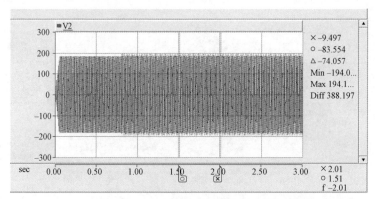

图 7-59　单相误跳闸海上升压站侧的典型电压波形

工况 6：风电场 10%开机，出力 100%，输送容量为 40MW，陆上集控站不加高压电抗器时，得到的单相误跳闸陆地侧和海上升压站侧的典型电压波形如图 7-60 和图 7-61 所示。

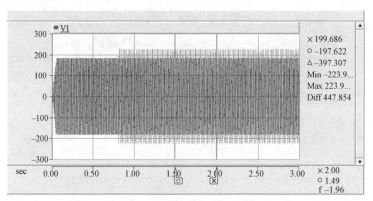

图 7-60　单相误跳闸陆地侧的典型电压波形

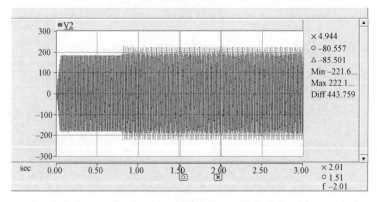

图 7-61　单相误跳闸海上升压站侧的典型电压波形

工况 7：风电场 50%开机，出力 100%，输送容量为 200MW，陆上集控站加高压电抗器时，得到的单相误跳闸陆地侧和海上升压站侧的典型电压波形如图 7-62 和图 7-63 所示。

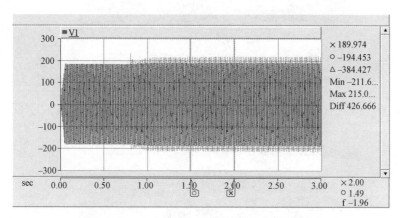

图 7-62　单相误跳闸陆地侧的典型电压波形

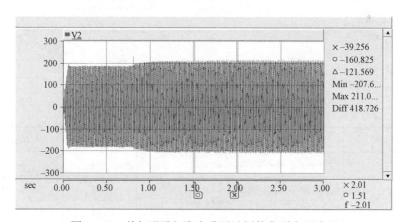

图 7-63　单相误跳闸海上升压站侧的典型电压波形

工况 8：风电场 50%开机，出力 100%，输送容量为 200MW，陆上集控站不加高压电抗器时，得到的单相误跳闸陆地侧和海上升压站侧的典型电压波形如图 7-64 和图 7-65 所示。

各工况下 220kV 海底电缆工频过电压计算结果见表 7-27。

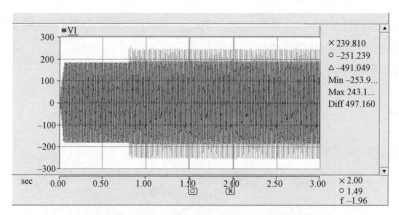

图 7-64　单相误跳闸陆地侧的典型电压波形

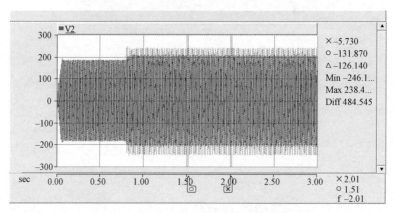

图 7-65　单相误跳闸海上升压站侧的典型电压波形

表 7-27　　　各工况下 220kV 海底电缆工频过电压计算结果

故障类型	运行工况	高压电抗器配置	陆地侧	海上升压站侧
架空线变电站侧 单相误跳闸	全开机，出力 100%	正常运行	1.143	1.111
	全开机，出力 50%		1.125	1.102
	50%开机，出力 100%		1.037	1.018
	10%开机，出力 100%		0.947	0.943
	全开机，出力 100%	高压电抗器退运	1.296	1.244
	全开机，出力 50%		1.399	1.363
	50%开机，出力 100%		1.208	1.178
	10%开机，出力 100%		1.088	1.078

根据对海上风电 220kV 送出海底电缆工频过电压的计算分析，所得结论如下：

（1）在架空线变电站侧单相误跳闸、风机全开机运行工况下，220kV 送出海底电缆输送容量不同时，工频过电压大小基本一致；此工况下高压电抗器正常运行时，送出海底电缆海上升压站侧工频过电压最大为 1.111p.u.，陆地侧工频过电压最大为 1.143p.u.，未超出国标允许范围。

（2）在系统其他运行条件相同的情况下，风机开机数越少，220kV 送出海底电缆工频过电压越低；风机全开机时，送出海底电缆海上升压站侧工频过电压为 1.111p.u.，陆地侧工频过电压为 1.143p.u.，未超出国标允许范围；风机 1/2 开机时，送出海底电缆海上升压站侧工频过电压为 1.018p.u.，陆地侧工频过电压为 1.037p.u.，未超出国标允许范围。风机 1/5 开机时，送出海底电缆海上升压站侧工频过电压为 0.943p.u.，陆地侧工频过电压为 0.947p.u.，未超出国标允许范围。

（3）各运行工况下，高压电抗器正常运行时工频过电压小于高压电抗器退运时工频过电压，线路高压电抗器可有效降低 220kV 海底电缆工频过电压水平，高压电抗器配置是合理的。

7.7.2　跳闸工频过电压仿真分析

研究中，采用风电场等值模型，考虑了风电场中风机运行台数固定但出力不同和风机满发但运行台数不同的多种运行工况，还考虑了高压电抗器退运的情况。由于 SVG 为系统动态无功补偿设备，过电压仿真时将其做退运处理，以模拟更严苛工况。

工况 1：风电场 100%开机，出力 100%，输送容量为 400MW，陆上集控站投入高压电抗器时，220kV 送出海底电缆末端发生无故障三相跳闸，得到的陆地侧和海上升压站侧的典型电压波形如图 7-66 和图 7-67 所示。

工况 2：风电场 100%开机，出力 100%，输送容量为 400MW，陆上集控站高压电抗器退运时，220kV 送出海底电缆末端发生无故障三相跳闸，得到的陆地侧和海上升压站侧的典型电压波形如图 7-68 和图 7-69 所示。

工况 3：风电场 100%开机，出力 80%，输送容量为 320MW，陆上集控站投入高压电抗器时，220kV 送出海底电缆末端发生无故障三相跳闸，得到的陆地侧和海上升压站侧的典型电压波形如图 7-70 和图 7-71 所示。

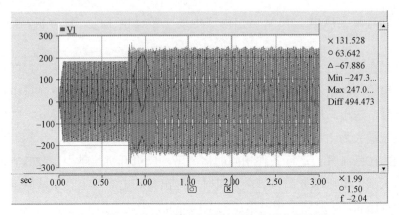

图 7-66　无故障三相跳闸陆地侧的典型电压波形

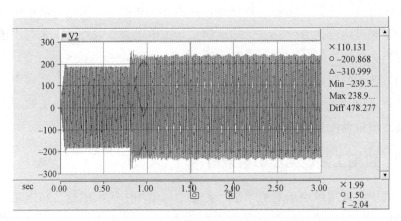

图 7-67　无故障三相跳闸海上升压站侧的典型电压波形

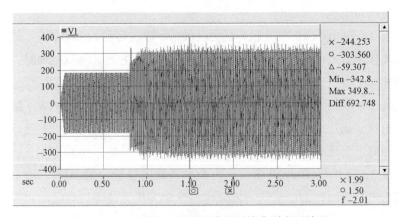

图 7-68　无故障三相跳闸陆地侧的典型电压波形

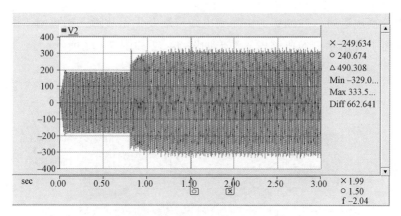

图 7-69　无故障三相跳闸海上升压站侧的典型电压波形

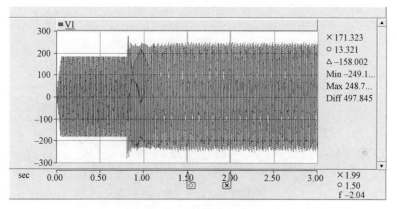

图 7-70　无故障三相跳闸陆地侧的典型电压波形

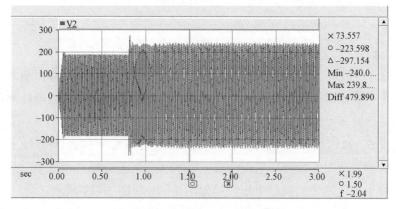

图 7-71　无故障三相跳闸海上升压站侧的典型电压波形

工况 4：风电场 100%开机，出力 80%，输送容量为 320MW，陆上集控站高压电抗器退运时，220kV 送出海底电缆末端发生无故障三相跳闸，得到的陆地侧和海上升压站侧的典型电压波形如图 7-72 和图 7-73 所示。

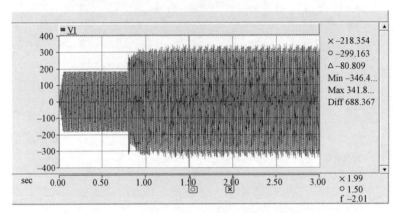

图 7-72　无故障三相跳闸陆地侧的典型电压波形

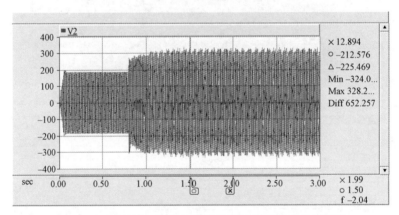

图 7-73　无故障三相跳闸海上升压站侧的典型电压波形

工况 5：风电场 100%开机，出力 50%，输送容量为 200MW，陆上集控站投入高压电抗器时，220kV 送出海底电缆末端发生无故障三相跳闸，得到的陆地侧和海上升压站侧的典型电压波形如图 7-74 和图 7-75 所示。

工况 6：风电场 100%开机，出力 50%，输送容量为 200MW，陆上集控站高压电抗器退运时，220kV 送出海底电缆末端发生无故障三相跳闸，得到的陆地侧和海上升压站侧的典型电压波形如图 7-76 和图 7-77 所示。

工况 7：风电场 50%开机，出力 100%，输送容量为 200MW，陆上集控站投入高压电抗器时，220kV 送出海底电缆末端发生无故障三相跳闸，得到的陆地侧和海上升压站侧的典型电压波形如图 7-78 和图 7-79 所示。

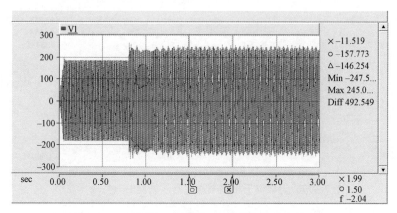

图 7-74　无故障三相跳闸陆地侧的典型电压波形

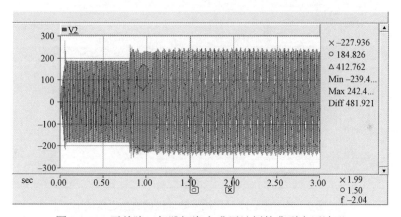

图 7-75　无故障三相跳闸海上升压站侧的典型电压波形

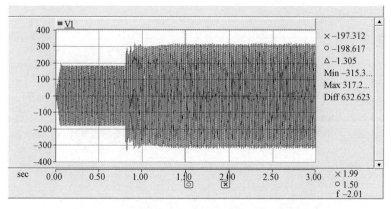

图 7-76　无故障三相跳闸陆地侧的典型电压波形

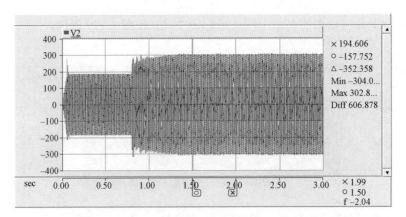

图 7-77　无故障三相跳闸海上升压站侧的典型电压波形

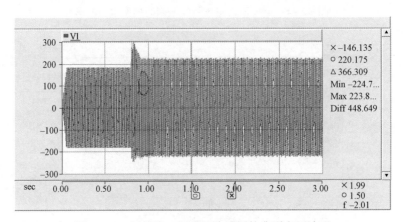

图 7-78　无故障三相跳闸陆地侧的典型电压波形

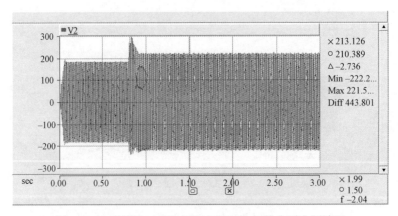

图 7-79　无故障三相跳闸海上升压站侧的典型电压波形

工况 8：风电场 50%开机，出力 100%，输送容量为 200MW，陆上集控站高压电抗器退运时，220kV 送出海底电缆末端发生无故障三相跳闸，得到的陆地侧和海上升压站侧的典型电压波形如图 7-80 和图 7-81 所示。

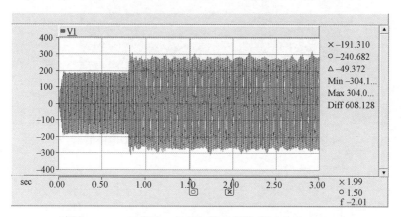

图 7-80　无故障三相跳闸陆地侧的典型电压波形

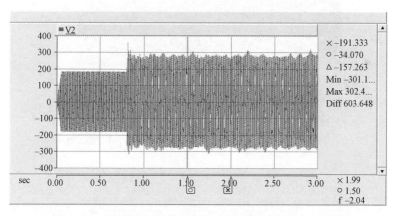

图 7-81　无故障三相跳闸海上升压站侧的典型电压波形

工况 9：风电场 25%开机，出力 100%，输送容量为 100MW，陆上集控站投入高压电抗器时，220kV 送出海底电缆末端发生无故障三相跳闸，得到的陆地侧和海上升压站侧的典型电压波形如图 7-82 和图 7-83 所示。

工况 10：风电场 25%开机，出力 100%，输送容量为 100MW，陆上集控站高压电抗器退运时，220kV 送出海底电缆末端发生无故障三相跳闸，得到的陆地侧和海上升压站侧的典型电压波形如图 7-84 和图 7-85 所示。

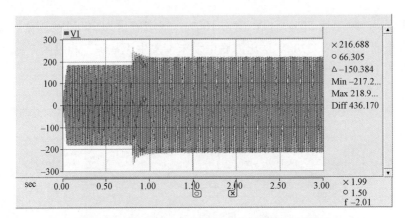

图 7-82　无故障三相跳闸陆地侧的典型电压波形

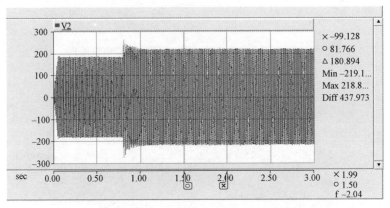

图 7-83　无故障三相跳闸海上升压站侧的典型电压波形

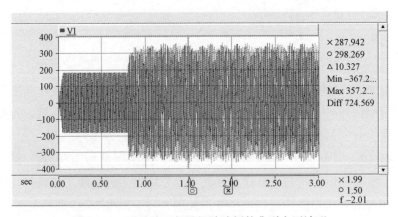

图 7-84　无故障三相跳闸陆地侧的典型电压波形

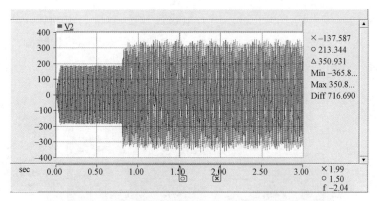

图 7-85　无故障三相跳闸海上升压站侧的典型电压波形

工况 11：风电场 10% 开机，出力 100%，输送容量为 40MW，陆上集控站投入高压电抗器时，220kV 送出海底电缆末端发生无故障三相跳闸，得到的陆地侧和海上升压站侧的典型电压波形如图 7-86 和图 7-87 所示。

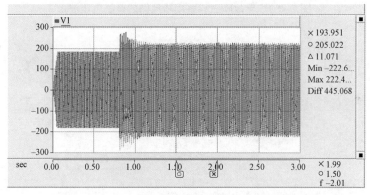

图 7-86　无故障三相跳闸陆地侧的典型电压波形

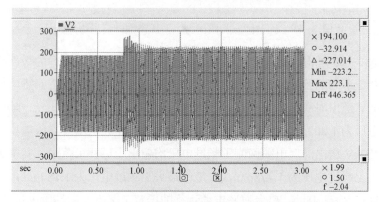

图 7-87　无故障三相跳闸海上升压站侧的典型电压波形

工况 12：风电场 10%开机，出力 100%，输送容量为 40MW，陆上集控站高压电抗器退运时，220kV 送出海底电缆末端发生无故障三相跳闸，得到的陆地侧和海上升压站侧的典型电压波形如图 7−88 和图 7−89 所示。

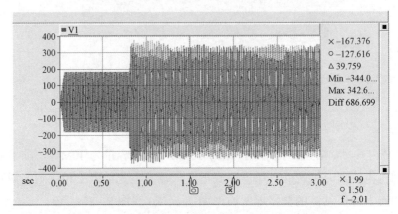

图 7−88　无故障三相跳闸陆地侧的典型电压波形

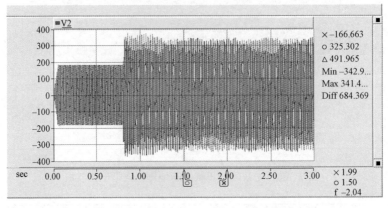

图 7−89　无故障三相跳闸海上升压站侧的典型电压波形

由表 7−28 可得，当风电场在 SVG 退运、单条海底电缆运行的最严苛条件下运行，对于不同的开机台数和出力情况等不同工况，在高压电抗器正常投入运行时，220kV 送出海底电缆海上升压站侧最大工频过电压为 1.163p.u.，陆地侧最大工频过电压为 1.202p.u.，工频过电压均未超出国标允许范围；高压电抗器退出运行时，220kV 送出海底电缆两侧工频过电压均超出国标要求范围，其中海上升压站侧最大工频过电压为 1.778p.u.，陆地侧最大工频过电压为 1.784p.u.。故而应避免风电场在 SVG 退运、单台海底电缆运行的严苛工况下发生高压电抗器退运。

表 7-28　　　　不同工况下陆地侧三相跳开后海缆两端电压标幺值

故障类型	运行工况	高压电抗器配置	陆地侧	海上升压站侧
海底电缆陆地侧无故障三相跳开	全开机,出力 100%	正常运行	1.202	1.163
	全开机,出力 80%		1.211	1.167
	全开机,出力 50%		1.203	1.178
	50%开机,出力 100%		1.092	1.080
	25%开机,出力 100%		1.064	1.065
	10%开机,出力 100%		1.082	1.085
	全开机,出力 100%	高压电抗器退运	1.700	1.621
	全开机,出力 80%		1.684	1.595
	全开机,出力 50%		1.542	1.478
	50%开机,出力 100%		1.478	1.470
	25%开机,出力 100%		1.784	1.778
	10%开机,出力 100%		1.672	1.667

7.7.3　模型选择对工频过电压仿真的影响

为便于模拟计算研究,本书将局部电网等值到 220kV 变电站 Tn 母线,风电场采用风电机组详细模型与倍乘模型进行等值,为验证所用简化模型的有效性,分析对比风电机组模型与等值阻抗模型计算的工频过电压效果的异同。

工况 1:风电场采用等值阻抗模型,风电场全开机,出力 100%,输送容量为 400MW,陆上集控站加高压电抗器时,得到的单相误跳闸陆地侧和海上升压站的典型电压波形如图 7-90 和图 7-91 所示。

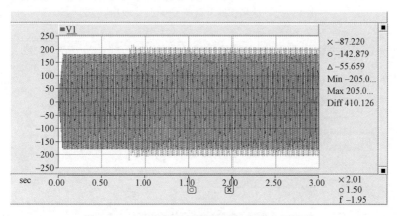

图 7-90　单相误跳闸陆地侧的典型电压波形

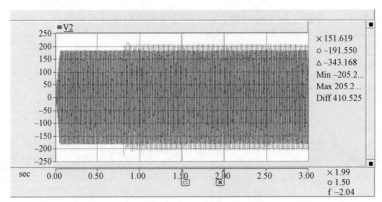

图 7-91　单相误跳闸海上升压侧的典型电压波形

　　工况 2：风电场采用等值阻抗模型，风电场全开机，出力 100%，输送容量为 400MW，陆上集控站不加高压电抗器时，得到的单相误跳闸陆地侧和海上升压站的典型电压波形如图 7-92 和图 7-93 所示。

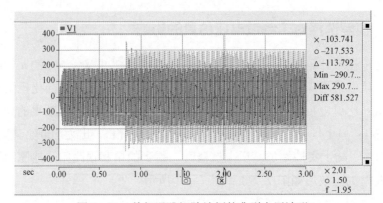

图 7-92　单相误跳闸陆地侧的典型电压波形

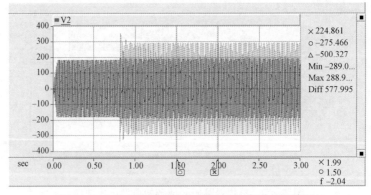

图 7-93　单相误跳闸海上升压侧的典型电压波形

工况 3：风电场采用等值阻抗模型，风电场 50%开机，出力 100%，输送容量为 200MW，陆上集控站加高压电抗器时，得到的单相误跳闸陆地侧和海上升压站的典型电压波形如图 7−94 和图 7−95 所示。

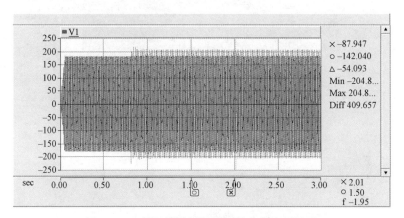

图 7−94　单相误跳闸陆地侧的典型电压波形

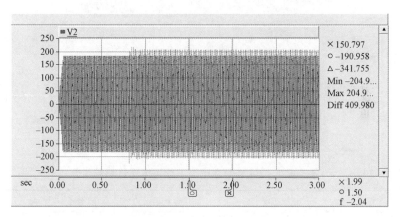

图 7−95　单相误跳闸海上升压侧的典型电压波形

工况 4：风电场采用等值阻抗模型，风电场 50%开机，出力 100%，输送容量为 200MW，陆上集控站不加高压电抗器时，得到的单相误跳闸陆地侧和海上升压站的典型电压波形如图 7−96 和图 7−97 所示。

各工况下 220kV 海底电缆工频过电压计算结果见表 7−29。

由表 7−29 可得，对比四种工况下海底电缆陆地侧和海上升压站侧的工频过电压，风电场采用等值阻抗模型很难准确地反映海底电缆的工频过电压效果。而本书采用的风电机组详细模型能够很好地模拟出海底电缆的工频过电压效果。

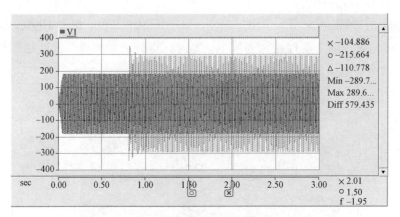

图 7-96　单相误跳闸陆地侧的典型电压波形

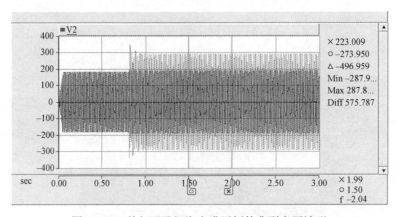

图 7-97　单相误跳闸海上升压侧的典型电压波形

表 7-29　　　　　各工况下 220kV 海底电缆工频过电压计算结果

故障类型	运行工况	高压电抗器配置	陆地侧	海上升压站侧
架空线变电站侧 单相误跳闸	全开机，出力 100%	正常运行	0.996	0.996
	50%开机，出力 100%		0.995	0.995
	全开机，出力 100%	高压电抗器退运	1.413	1.405
	50%开机，出力 100%		1.408	1.399

第 8 章 》》

海上风电并网对电网稳定性的影响

随着海上风电并网渗透率的增加，电网稳定性受到显著影响，主要表现为：一是风机的机械和电磁特性对电网暂态稳定性的影响；二是风机运行过程中存在的电能质量问题[1]；三是风机的出力变化对系统无功补偿和电网电压稳定性的影响[2]；四是风电的波动性、随机性和逆调峰特性对电网规划及备用容量的影响。本章主要从海上风电并网对电力系统的暂态稳定性、电能质量影响、电压稳定性及电网规划发展的影响四个方面展开讨论。

8.1 大规模海上风电脱网风险及对系统安全稳定的影响

8.1.1 暂态稳定性的影响

随着高比例海上风电的并网，风力发电在电网中所占发电比重越来越大，系统发生故障时，风电机组大规模脱网将造成系统较大的功率缺额，会严重影响系统的频率控制；同时风电机组的大规模脱网还会导致各母线的电压升高或降低，进一步加深故障程度，影响供电地区电网稳定运行和设备安全。

电力系统频率稳定的前提是系统的有功功率必须达到平衡。当系统发生扰动时，系统总的发电功率往往会降低，不能与总的负荷功率保持平衡。当处于满载运行状态的风电场出现风电机组大规模脱网事故时，系统有功功率出现巨大缺额，系统频率会下降，通常需要采取调节发电机有功出力的措施来保证电

---

[1] 许津铭，谢少军，肖华锋. LCL 滤波器有源阻尼控制机制研究. 中国电机工程学报，2012, 32 (009)：6+51-57.

[2] 唐西胜，苗福丰，齐智平，等. 风力发电的调频技术研究综述. 中国电机工程学报，2014, 34 (025)：4304-4314.

网的频率安全。然而变速恒频风电机组通过变流器实现了机组转速和系统频率的解耦控制，这将导致风电机组对电网频率的变化不敏感，在电网频率发生变化时无法快速响应。所以，当风电机组大规模脱网造成电网频率下降时，在迅速清楚故障恢复风电场供电的同时，风电场还需要具备大电源快速启动备用容量。

随着风速的变化，风电场的输出功率也会出现波动，这将导致风电场并网点的电压稳定性受到影响。这一影响可由下面一系列的公式来分析计算，如图 8-1 所示。

由图 8-2 的向量图得，风电机组和电网之间的电压近似计算公式为

$$\dot{U}_g - \dot{U}_s = \Delta \dot{U} = Z\dot{i}_g = (R + jX)\left(\frac{P_g - jQ_g}{\dot{U}_g}\right) \tag{8-1}$$

$$Z = \sqrt{R^2 + X^2} \tag{8-2}$$

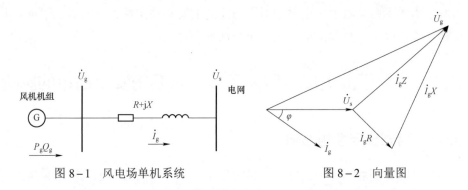

图 8-1 风电场单机系统   图 8-2 向量图

当风电场考虑无功功率补偿 Q_c 后电压计算公式变化为

$$\dot{U}_g - \dot{U}_s = \Delta \dot{U} = Z\dot{i}_g = (R + jX)\left(\frac{P_g - jQ_g + jQ_c}{\dot{U}_g}\right) \tag{8-3}$$

由以上分析可得，假设某一风电场发生部分风电机组脱网事故，并且没有及时切除该风电机组的无功补偿电容器。由公式（8-4）可知，风电场并网点电压将会被抬高，容易引起电压过高而造成其他风电机组发生过电压脱网事故。

$$\begin{cases} P_g = 0 \quad Q_g = 0 \\ \Delta \dot{U} = \dfrac{(R + jX)Q_c}{\dot{U}_g} \end{cases} \tag{8-4}$$

式中：P_g 为风机的有功功率；Q_g 为风机的无功功率；U_g 为风机的机端电压；U_s 为风机的并网点电压；I_g 为线路电流；R 为线路电阻；X 为线路电抗；φ 为风机并网点的功率因数角。

　　为了保证电网的安全运行，要求风电机组具备一定的电网故障穿越能力，包括低电压故障穿越能力和高电压故障穿越能力。

8.1.2　风电接入对系统惯量的影响

　　电网频率的变化和系统中有功功率的平衡息息相关，当电网频率降低时需要增加发电机输出的有功功率；当电网频率上升时需要降低发电机输出的有功功率。电力系统的惯量反映的是系统抑制频率变化的能力，从而使发电机调速系统拥有足够的时间调节其发电功率，重新建立新的功率平衡。当系统中由于负荷投切等因素导致频率波动时，系统的惯量对频率变化、功角变化有着决定性的影响，电力系统的惯量越大，则频率波动的变化越小，功角变化越小，系统越稳定。风电机组接入电力系统之前，电力系统的惯量主要由同步发电机提供，不考虑阻尼作用下常规同步发电机组的转子储能 E_k 以及发电系统的惯性时间常数 H_s 可以表示为

$$E_k = \frac{1}{2p_s^2} J_s \omega_s^2 \qquad (8-5)$$

$$H_s = \frac{J_s \omega_s^2}{2 p_s^2 S_N} \qquad (8-6)$$

式中：J_s 为发电机转动惯量；p_s 为发电机极对数；ω_s 为同步发电机转速；S_N 为同步机发电系统的额定容量。

　　和传统的同步发电机相比，变速恒频风力发电机组通过变流器接入电网，具有控制灵活、响应迅速等优点，但是由于变流器的隔离作用，风电机组不能给电网提供必要的惯量和频率阻尼。对于双馈风电机组，定子与电网直接相连，转子通过背靠背变流器与电网连接，变流器采用双闭环控制策略，变流器控制策略中没有反应电网频率的变化，因此电网故障时风机的转子的转速不会变化，双馈风电机组无法利用转子的旋转动能为系统提供惯量支撑。同样对于永磁同步风电机组，发电机定子通过背靠背变流器与电网直接连接，变流器的控制实现了转子转速与电网频率的完全解耦，永磁同步风电机组的转子同样不受电网频率变化的影响，因而在电网频率变化时无法做出响应。

225

根据电力系统惯性时间常数 H_s 的定义,即为系统旋转储能和额定容量的比值,可推算得到含大型风电机组的电力系统等效惯性时间常数 H_{equ}

$$H_{equ} = \frac{\sum\limits_{i=1}^{n}\left(\dfrac{J_{s,i}\omega_s^2}{2p_{s,i}^2}\right)}{\sum\limits_{i=1}^{n}S_{N,i} + \sum\limits_{j=1}^{m}S_{M,j}} \tag{8-7}$$

式中:n 为同步发电机组台数;m 为风电机组台数;$J_{s,i}$ 为第 i 同步发电机组的转动惯量;$p_{s,i}$ 为第 i 台同步发电机极对数;$S_{N,i}$ 为第 i 台同步发电机额定功率;$S_{M,j}$ 为第 j 台风电机组额定功率。根据上式并结合前文的分析可知,伴随着风电渗透率的增加,风电装机容量在电网中的比例不断提高,导致系统整体惯量减少,恶化电力系统的惯量特性。

根据国内外风电机组并网规范以及实际的工程技术问题来看,风电场/风电机组不仅仅需要满足频率适应性要求,在电网侧异常频率条件下保持联网;而且为了保证电力系统的频率稳定,在高比例海上风电并网的条件下,使风电机组提供惯量并且参与电网频率的快速调节是必然的选择,要求风电机组具有一定的惯量控制和一次调频功能。

8.1.3 谐波谐振风险

(1)由 LCL 滤波器引发的谐波谐振及抑制方法。我国风电场多采用双馈异步风电机组和永磁同步风电机组,这两种风电机组主要通过变流器来实现机组能量的转化。变速型风电机组的变流器等电力电子装置在运行时不可避免地会产生谐波,谐波主要有开关器件引入的开关谐波(2kHz 左右),风电机组自身固有的齿谐波和气隙饱和磁场非正弦分布引入的奇数次谐波(1kHz 以内)以及风机在不平衡状态下运行所产生的低次谐波。单台海上风电机组谐波注入 35kV 集电系统拓扑示意图如图 8-3 所示。

海上风电场产生的谐波主要来源于风力发电机组的脉宽调制变流器,其电力电子器件开关频率较高并产生的较高次电流谐波。因此,风电场注入电网主要为较高次的谐波。海上风电机组产生的谐波注入电网,引起电网 PCC 点电压波形畸变、送出线路谐波电流超标,严重时将会损害海上风电机组以及电力系统,甚至引发电力系统事故。在并网逆变器中采用适当的输出滤波器是抑制进网电流中谐波含量最基本的方法。目前广泛使用的带有 LCL 型滤波器的并网逆变器具有在高频段快速衰减的特性，可以以较小的硬件体积获得足够小的开关频率谐波，其主电路如图 8-4 所示。

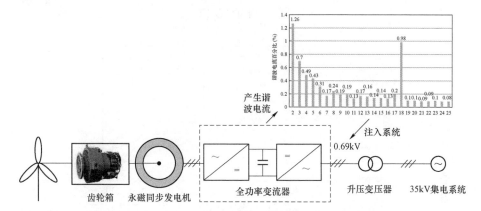

图 8-3　单台海上风电机组谐波注入 35kV 集电系统拓扑示意图

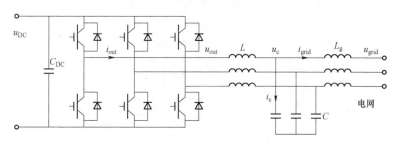

图 8-4　LCL 型并网逆变器电路结构

图中 LCL 滤波器由逆变器侧电感 L、滤波电容 C 和网侧电感 L_g 组成。不考虑电网电压的影响，并忽略各元件的寄生参数，逆变器输出 u_{out} 至网侧电流 i_{grid} 的传递函数如式（8-8）所示

$$G_{LCL}(s)=\frac{\dot{I}_g(s)}{\dot{V}_i(s)}=\frac{1}{LL_gCs^3+(L+L_g)s} \qquad （8-8）$$

由式（8-8）可以得到 LCL 滤波器不同总电感 $L_T=L+L_g$、不同滤波电容 C 下的幅频特性，其幅频特性如图 8-5、图 8-6 所示，分析可知，LCL 滤波器的幅频特性在高频段小于零时，可抑制高频谐波的幅值。随着滤波器总电感或电容的增大，LCL 滤波器高频幅值衰减很快，对高次谐波的滤波性能好。但需要关注的是在某次频率下对应一个峰值，如果存在该频次的谐波，LCL 滤波器会将其放大。产生这种情况的原因就是在该频率下 LCL 滤波器中的电感和

227

电容发生谐振，对应的谐振频率由 LCL 滤波器参数决定

$$f_{\text{res}} = \frac{1}{2\pi} \sqrt{\frac{L + L_{\text{g}}}{L L_{\text{g}} C}} \qquad (8-9)$$

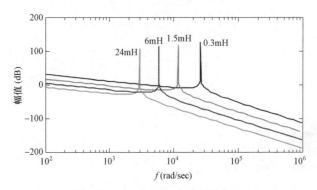

图 8-5 不同电感 LT 的 LCL 滤波器的幅频特性

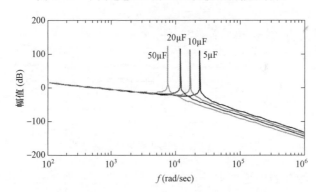

图 8-6 不同滤波电容 C 的 LCL 滤波器的幅频特性

通过改变 LCL 滤波器参数改变谐振频率，避免出现谐振频率接近基频及其整数倍谐波的情况。通过综合滤波性能和谐振频率来优化设计滤波器的参数具有实际工程应用价值。

但是仅通过调整电感和电容参数不会降低谐振峰值，滤波系统存在谐振峰，仍然存在谐振风险，需考虑研究抑制谐振峰的措施。抑制谐振峰值的方法分为无源阻尼和有源阻尼两种。无源阻尼方案简单可靠，通过在滤波器中串联或并联电阻来来实现，缺点是额外损耗大；有源阻尼方案没有多余损耗，通过在并网逆变器中增加额外的反馈控制来实现。

1）无源阻尼。无源阻尼方案是在滤波电容支路串联阻尼电阻。该方法稳

定可靠，但是阻尼电阻本身发热严重，无源阻尼的引入大大降低了系统的效率。因此，在工程中无源阻尼的方案应用较少。

如图 8-7 所示，阻尼电阻可以安放在不同的位置，通常并联或者串联在 LCL 滤波器的电容支路，以抑制谐振峰值。该方案简单易行，但是对大容量系统，阻尼电阻产生的有功损耗比较大。因此，针对高比例海上风电并网的工程场景下，需要考虑有源阻尼方案。

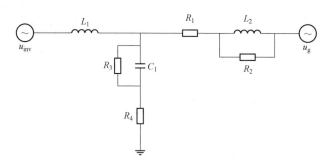

图 8-7　无源阻尼安放位置

2）有源阻尼。有源阻尼是通过改进系统控制策略来提高系统的阻尼特性，取代真实电阻的方法[1]。该方案优点是设备成本低、效率高且没有额外的损耗，因而应用前景广阔。同时，有源阻尼技术可以实现 LCL 滤波器谐振峰值抑制。该方案缺点是控制系统结构复杂，需要增加电压或电流传感器。综合考虑，有源阻尼相对于无源阻尼仍然具有较大的优势，具体的方法如下：

电容电流反馈虚拟电阻法的物理模型为

$$Z_{\mathrm{eq1}}(s) = L_1 T_s / [K_{\mathrm{pwm}} H_{i1} C G_{\mathrm{d}}(s) G_{\mathrm{h}}(s)] = R_{\mathrm{d}} e^{1.5sT} \tag{8-10}$$

式中：T_s 为一个采样周期；$G_{\mathrm{h}}(s)$ 为 ZOH 的传递函数；$G_{\mathrm{d}}(s)$ 为 z^{-1} 的连续域传递函数；R_{d} 为模拟控制下电容电流反馈有源阻尼的等效并联电阻。表达式分别为

$$G_{\mathrm{h}}(s) = 1 - e^{-sT_s} / s \approx T_s e^{-0.5sT_s} \tag{8-11}$$

$$G_{\mathrm{d}}(s) = e^{-sT_s} \tag{8-12}$$

$$R_{\mathrm{d}} = L_1 / (K_{\mathrm{pwm}} H_{i1} C) \tag{8-13}$$

Z_{eq1} 可以表示为电阻 R_{eq1} 和电抗 X_{eq1} 并联，$s = \mathrm{j}\omega$，R_{eq1} 和 X_{eq1} 表达式为

$$\begin{cases} R_{\mathrm{eq1}}(\omega) = R_{\mathrm{d}} / [\cos(1.5\omega T_s)] \\ X_{\mathrm{eq1}}(\omega) = R_{\mathrm{d}} / [\sin(1.5\omega T_s)] \end{cases} \tag{8-14}$$

---

[1] 许津铭,谢少军,肖华锋. LCL 滤波器有源阻尼控制机制研究. 中国电机工程学报,2012,32(009):6+51-57.

在不同的频率范围内，Z_{eq1} 表现出不同的特性，不再是纯粹的电阻。

虚拟电阻法的控制框图和等效电路见图 8-8，基于有源阻尼的进网电流控制框图见图 8-9。

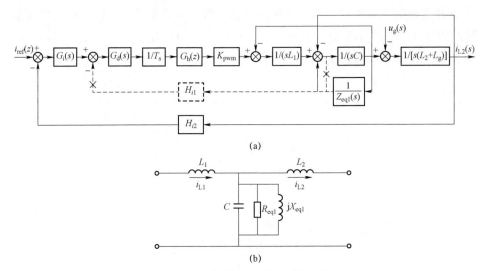

(a)

(b)

图 8-8 电容电流反馈虚拟电阻法的等效并联阻抗

（a）控制框图；（b）等效电路

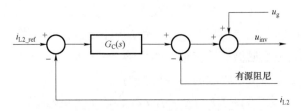

图 8-9 基于有源阻尼的进网电流控制框图

综上所述，有缘阻尼方案在实现 LCL 滤波器的稳定控制的同时不额外增加系统损耗，充分提高了系统的鲁棒性，而且该方案具有较好的谐波补偿精度和开关纹波衰减率，能够较好地改善高比例海上风电对局部电网的电能质量中谐波污染的影响。

（2）海上风电场参数谐振风险。当系统中谐波频率达到系统固有的谐振频率时，便会导致系统发生谐振，造成谐波的放大。谐振主要分为并联谐振和串联谐振两种，风力发电系统中变压器、互感器、发电机、线路等感性元件与线路电容、无功补偿等容性元件构成一系列不同谐振频率的谐振回路。风电机组及补偿电容器的投入的不确定性造成了风电场等效阻抗在较大范围内变化，宽频域的谐波注入会大大增加风电系统引发参数谐振的可能性。当谐波电压或电流的频率与风电系统的谐振频率相匹配时，会激发风电系统发生串、并联谐振，抬升风电场中某次谐波的幅值，造成严重的谐波过电压或过电流，损害风电场中的设备及导致保护误动。

由于海上风电场多采用电缆敷设，存在较大的对地分布电容，而分布电容较易引起风电场谐波谐振问题。除此之外，在风电场汇流母线处装设并联电容器组等无功补偿装置、LCL 滤波器等易和系统发生并联谐振。同时，风电机组工作状态及风电场参数配置都将影响系统结构及参数，进而影响系统的谐振频率。通过上一节对 LCL 滤波器谐振现象的分析可以清晰地看到系统阻尼对谐振幅值的抑制作用。在谐振频率下，系统所提供的阻尼越大，谐波的放大倍数就越小，从而使得谐振得到抑制。

在某次频率下风电机组可能无法提供正的谐波阻尼，如果在此频率下恰好发生谐振现象，导致特定的谐波分量振荡发散，将使得风电变流器控制系统出现不稳定现象，会造成控制系统紊乱崩溃，从而危及整个系统的安全稳定运行。可见，谐波谐振又是发生谐波不稳定的诱因，由此引发的振荡现象将在下一节详细讨论。

8.1.4　风电场谐波不稳定引发的高频振荡风险

近年来，随着风力发电装机容量的逐年攀升，大量的电力电子设备接入电力系统，出现了新型次/超同步振荡（10～100Hz）、中高频段振荡（几百到几千Hz）以及换流器参与的谐波放大等问题，影响电网安全稳定运行。

谐波谐振一方面会导致谐波放大，使得电网的电能质量下降；另一方面，由于变流器之间的相互作用，特定的谐波分量可能会诱发谐波不稳定性，威胁控制系统的安全稳定运行。由于系统各部分在不同频段表现的特性不同，风电系统并网运行时，风机网侧变流器之间或者变流器与电网之间相互作用，在某些谐波分量的激发下可能会发生振荡现象。

其中次同步谐振主要出现在串补电网中，其危害极大，不仅会造成控制系统的不稳定，甚至会引发风电场与电网之间发电机轴系的相互作用，多表现为功率振荡，与此同时，大规模风电机组会出现脱网事故。

对于并联补偿电网，可以提高系统功率因数、改善系统电压质量并且降低线路损耗，其特性表现为频率增大时阻抗呈现出明显的容性特征；由于风电机组中存在线圈绕组以及滤波电抗，高频段主要表现为感性特征，此时风电系统和电网阻抗相位十分接近 180°，在该频段范围内风电机组与电网阻抗产生幅值交点形成谐振回路，在特定频率谐波的激发下同样会引发谐振现象，造成谐波放大。但是，如果变流器在高频段的阻抗特性表现有负电阻的性质，会造成系统谐波的发散，引发高频振荡。

一般利用阻抗稳定性分析法来分析互联系统的谐波稳定性问题。

对于并网逆变器系统而言，并网逆变器采用电流型控制时，表现为电流源

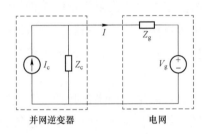

图 8–10 并网逆变器–电网系统
小信号阻抗示意图

性质，因此并网逆变器一般表示为诺顿等效电路，此时可将并网逆变器视为电网的一种特殊负载。图 8–10 所示为并网逆变器–电网系统的小信号阻抗示意图，图中，并网逆变器用诺顿等效电路等效，即一个理想电流源 I_c 和输出阻抗 Z_c 并联而成；电网用戴维南等效电路等效，即一个理想电压源 V_g 和电网阻抗 Z_g 串联而成。

根据图 8–10，可得并网电流为

$$I(s)=\left[I_c(s)-\frac{V_g(s)}{Z_c(s)}\right]\frac{1}{1+Z_g(s)/Z_c(s)} \qquad (8-15)$$

对于电压源–电流源系统，假设无并网逆变器时，电网电压稳定；当电网阻抗为零时，逆变器输出稳定。则此时并网电流的稳定性取决于式（8–15）右边的第 2 项的阻抗比 $Z_g(s)/Z_c(s)$，即电网阻抗与逆变器输出阻抗之比，当且仅当 $Z_g(s)/Z_c(s)$ 满足 Nyquist 稳定判据时，电压源–电流源系统才是稳定的。

除此之外，经柔直送出的海上风电场，风电机组网侧变流器与柔性直流系统的风电场侧变流器之间也可能会发生相互作用，可能使得换流器控制系统不稳定，引发振荡风险，不仅可能会造成单台风机脱网，甚至会造成柔直换流器闭锁。当高频振荡被激发时，如果控制系统不能提供足够大的阻尼，系统将持续存在较大的高频振荡分量，容易引起监控设备报警，严重情况下可能导致换流站闭锁停运。

为了分析风电场-MMC-HVDC互联系统的谐波稳定性,可以建立互联系统的小信号阻抗,如图8-11所示。图中,Z_{wf}表示风电场(包括风电场聚合逆变器、聚合机端变压器以及风电场升压变压器等)的交流侧小信号阻抗,Z_{MMC}表示WFMMC的交流侧小信号阻抗,Z_1表示风电场与柔直系统之间交流输电线路以及WFMMC换流变压器的阻抗。风电场可用

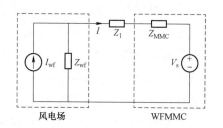

图8-11 互联系统的小信号阻抗示意图

诺顿电路等效,即由理想电流源I_{wf}与风电场交流侧小信号阻抗Z_{wf}并联构成。而WFMMC采用定交流电压控制可用戴维南电路等效,即由理想电压源V_s与WFMMC交流侧小信号阻抗Z_{MMC}串联构成。需要说明的是,由于风电场与柔直系统之间的交流输电线路长度一般较短(几百米到几千米),交流输电线路的阻抗对互联系统稳定性的影响不大。

由图8-11可得风电场PCC点电流为

$$I(s) = \left[I_{wf}(s) - \frac{V_s(s)}{Z_{uf}(s)} \right] \bigg/ \left[1 + \frac{Z_{MMC}(s) + Z_1(s)}{Z_{wf}(s)} \right] \qquad (8-16)$$

图8-12所示为WFMMC与风电场的交流侧阻抗频率特性曲线,从图中可以看出,随着风电场输出功率的增大,风电场的交流侧阻抗幅值减小,增大到

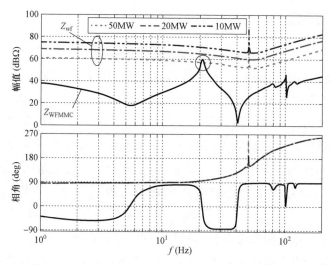

图8-12 WFMMC与风电场的交流侧阻抗频率特性

一定功率后即与 WFMMC 交流侧阻抗幅频特性的低频谐振峰相交,且互联系统在该交点处的相角裕度接近于零或小于零,这就是引起该互联系统次同步振荡的关键原因;如果在高频段有交点,且互联系统在该交点处的相角裕度不足,在对应高频谐波的激发下会引起互联控制系统的不稳定。

降低振荡风险主要从以下三个角度展开:一是优化控制器参数,改变系统的阻抗特性,如在系统设计规划阶段对振荡频率进行必要的估算来优化系统设计、改变系统结构或设备和控制器参数来防止系统发生谐振;二是通过提高系统在振荡频率处的阻尼来抑制谐振,分为有源阻尼和无源阻尼两种方式;三是滤除谐波源中与系统固有频率相近的谐波,如采用滤波器、改进风机控制系统策略主动抑制谐波产生。

8.2　海上风电场对电能质量的影响

电能质量评估指标主要包括谐波污染、电压波动与闪变、三相不平衡度、频率偏差、电压偏差等。由于海上风电场发电机组均为三相对称电机,且风电场最大有功功率波动值远远小于电网装机容量,因此风电场正常运行时引起的系统三相不平衡度及频率偏差可以忽略不计,下面主要就谐波污染、电压波动与闪变、电压偏差三个方面进行分析海上风电场对电能质量的影响。

8.2.1　谐波污染

海上风电场的风电机组普遍采用永磁直驱全功率变频机型,电力电子型换流器工作过程中会产生谐波注入所接入的电网,可能导致海上风电场接入公共电网连接点(简称 PCC 点)电压波形畸变率超标、谐波电流超标,对电网电能质量造成谐波污染问题。特别是,海上风电场一般通过高压交流海缆接入电网,其充电功率较大,与陆上风电相比,其电缆的电容效应突出,风电场内部具备某种特定的谐振模式,如串联谐振,造成公共连接点某次谐波严重超标。

海上风电场对 PCC 点谐波电压和谐波电流评估分析流程图如图 8-13 所示。

(1)海上风电机组谐波源计算模型。某 5.5MW 海上风电机组的出口处测量的谐波电流含有率见表 8-1,其中 2 次、3 次、4 次、5 次、6 次、18 次等谐波含量较高。

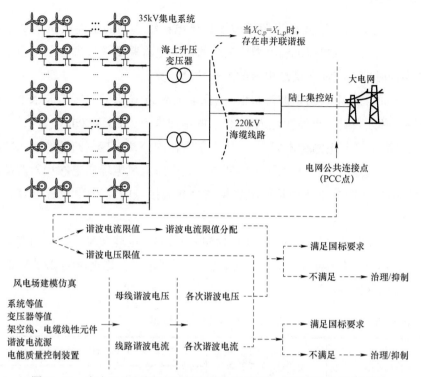

图 8-13　海上风电场对 PCC 点谐波电压和谐波电流评估分析流程图

表 8-1　　　　某 5.5MW 海上风电机组的谐波电流含有率

谐波次数	谐波电流含有率（%）	谐波次数	谐波电流含有率（%）	谐波次数	谐波电流含有率（%）
1	100	13	0.16	25	0.08
2	1.26	14	0.14	26	0.07
3	0.70	15	0.14	27	0.07
4	0.49	16	0.13	28	0.07
5	0.43	17	0.20	29	0.08
6	0.31	18	0.98	30	0.06
7	0.17	19	0.10	31	0.06
8	0.24	20	0.10	32	0.05
9	0.19	21	0.09	33	0.07
10	0.19	22	0.10	34	0.08
11	0.13	23	0.10	35	0.04
12	0.17	24	0.08	36 及以上	—

注　谐波电流大小以谐波电流与额定电流的百分比表示。

海上风电机组谐波电流源模型根据风电机组实测的电能质量测试报告搭建，仿真时考虑风机 100%出力，其总的谐波电流畸变率最大，采用多个谐波电流源同时向系统注入谐波电流的方式仿真计算。

（2）海上风电机组谐波源限值。为保证电网 PCC 点的电压谐波水平在限值范围内，必须限制各谐波源注入 PCC 点的谐波电流。根据 Q/GDW 11410—2015《海上风电场接入电网技术规定》，风电场所在的公共连接点的谐波注入电流应满足《电能质量公用电网谐波》的要求，其中海上风电场向电网注入的谐波电流允许值应按照海上风电场装机容量与公共连接点的发/供电设备总容量之比进行分配。

1）谐波电压限值。根据 GB/T 14549—1993《电能质量公用电网谐波》规定的 110kV 公用电网谐波电压限值如表 8-2 所示，标称电压为 220kV 的公用电网参照 110kV 执行。

表 8-2　　　　　　　　　　　公用电网谐波电压限值

电网标称电压	电压总谐波畸变率	各次谐波电压含有率	
		奇次	偶次
110kV/220kV	2.0%	1.6%	0.8%

2）谐波电流的计算。根据 GB/T 14549—1993 中规定，当 PCC 点的最小短路容量与基准短路容量不同时，谐波电流允许值的换算可表达为

$$I_h = \frac{S_{k1}}{S_{k2}} I_{hp} \tag{8-17}$$

式中：S_{k1} 为 PCC 点的最小短路容量；S_{k2} 为基准短路容量；I_{hp} 为第 h 次谐波电流允许值；I_h 为换算后第 h 次谐波电流允许值。

PCC 点处单个干扰源谐波电流允许值可表达为

$$I_{hi} = I_h (S_i / S_t)^{1/\alpha} \tag{8-18}$$

式中：I_h 为第 h 次谐波电流允许值；S_i 为干扰源的用电协议容量；S_t 为 PCC 点的供电设备容量；α 为相位叠加系数，按表 8-3 进行取值。

表 8－3　　　　　　　　　　谐波的相位叠加系数

h	3	5	7	11	13	9 |>13| 偶次
α	1.1	1.2	1.4	1.8	1.9	2

注　将风电场等值为同等用电协议容量的干扰源。

（3）谐波治理措施。海上风电机组产生的谐波注入电网，引起电网 PCC 点电压波形畸变、送出线路谐波电流超标，严重时将会损害海上风电机组以及电力系统，甚至引发电力系统事故。可以采用并联型有源电力滤波器（APF）进行谐波治理，其具有动态抑制谐波的特点，能够对不同大小和频率的谐波进行快速跟踪补偿。

8.2.2　电压波动及闪变

随着海上风电的大规模开发，单机、单场的容量都剧增，往往沿着同一风带梯级建设若干风电场，集中接入电网形成数百万千瓦的风电场群。由于风速随机变化，导致风电场的输出功率具有波动性，引起电网电压波动和闪变，其无功出力波动可能会严重影响局部地区电网的电压正常运行水平。

海上风电场对 PCC 点电压波动和闪变评估分析流程如图 8－14 所示。

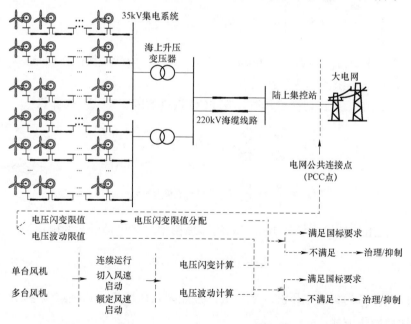

图 8－14　海上风电场对 PCC 点电压波动和闪变评估分析流程图

（1）电压波动和闪变计算模型。

1）连续闪变值计算模型。根据 GB/T 20320—2013/IEC61400－21：2008《风力发电机组电能质量测量和评估方法》规定，单台风电机组在连续运行期间引起的闪变为

$$P_{st} = P_{lt} = c(\psi_k, v_a) \times \frac{S_n}{S_k} \tag{8-19}$$

式中：$c(\psi_k, v_a)$ 为闪变系数；S_n 为额定视在功率；S_k 为 PCC 点的最小短路容量。

多台风电机组在连续运行期间引起的闪变为

$$P_{st\Sigma} = P_{lt\Sigma} = \frac{1}{S_k} \cdot \sqrt{\sum_{i=1}^{N_{wt}} (c_i(\psi_k, v_a) \cdot S_{n,i})^2} \tag{8-20}$$

式中：N_{wt} 为连接到 PCC 点的风力机组的数目。

2）切换操作闪变值计算模型。单台机组在切入风速时启动切换运行引起的短时闪变 P_{st} 和长时闪变 P_{lt} 为

$$\begin{cases} P_{st} = 18 \times N_{10m}^{0.31} \times k_{f,i}(\psi_k) \times \frac{S_n}{S_k} \\ P_{lt} = 8 \times N_{120m}^{0.31} \times k_{f,i}(\psi_k) \times \frac{S_n}{S_k} \end{cases} \tag{8-21}$$

式中：N_{10m} 和 N_{120m} 分别为在 10min 和 120min 内机组的切换操作次数；$k_{f,i}(\psi_k)$ 为第 i 台风电机组的闪变阶跃系数。

多台风电机组在切换操作时，在 PCC 点总的闪变可从下式计算

$$\begin{cases} P_{st\Sigma} = \frac{18}{S_k} \cdot \left(\sum_{i=1}^{N_{wt}} N_{10,i} \cdot (k_{f,i}(\psi_k) \cdot S_{n,i})^{3.2} \right)^{0.31} \\ P_{lt\Sigma} = \frac{8}{S_k} \cdot \left(\sum_{i=1}^{N_{wt}} N_{120,i} \cdot (k_{f,i}(\psi_k) \cdot S_{n,i})^{3.2} \right)^{0.31} \end{cases} \tag{8-22}$$

3）机组切换操作导致电压波动的计算模型。风电场引起的电压波动如下

$$d = 100 \cdot k_u(\psi_k) \cdot \frac{S_n}{S_k} \tag{8-23}$$

式中：$k_u(\psi_k)$ 为机组电压波动率系数，按照切入风速启动和额定风速启动两种机组切换操作方式。

（2）典型海上风电机组的电压波动和闪变参数。典型海上风电机组的电压波动和闪变参数见表 8-4～表 8-6。

表 8-4 风电机组连续运行时的闪变系数

电网阻抗角 ψ_k（°）	30	50	70	85	90
年平均风速 v_a（m/s）	闪变系数 c				
6.0	3.76	3.58	3.46	3.28	3.18
7.5	3.86	3.72	3.54	3.42	3.32
8.5	3.98	3.84	3.71	3.69	3.65
9.0	5.02	4.88	4.86	4.78	4.72

表 8-5 风电机组的切入风速启动时的闪变系数

切换操作情况	切入风速启动				
10min 最大切换操作数目 N_{10}	10				
120min 最大切换操作数目 N_{120}	120				
电网阻抗相角 ψ_k（°）	30	50	70	85	90
闪变阶跃系数 $k_f(\psi_k)$	0.12	0.12	0.10	0.09	0.09
电压变动系数 $k_u(\psi_k)$	0.10	0.08	0.08	0.07	0.07

表 8-6 数风电机组的额定风速启动时的闪变系数

切换操作情况	额定风速启动				
10min 最大切换操作数目 N_{10}	10				
120min 最大切换操作数目 N_{120}	120				
电网阻抗相角 ψ_k（°）	30	50	70	85	90
闪变阶跃系数 $k_f(\psi_k)$	0.07	0.09	0.09	0.11	0.12
电压变动系数 $k_u(\psi_k)$	0.81	0.66	0.52	0.32	0.25

（3）电压波动和闪变抑制措施。由于风机在切入风速启动、额定风速启动等切入切出的操作，导致海上风电场对 PCC 点造成的电压波动和闪变，建议在海上风电场接入系统时，应考虑 PCC 点的短路容量，合理确定 PCC 点接入的海上风电装机规模；同时，应安装必要的动态无功设备，可采用定电压运行，抑制 PCC 点的电压波动。

8.2.3 无功补偿及电压调节能力

出现电压偏差的根本原因是系统无功功率不平衡。海上风电场正常运行时，由于其送出海底电缆较长，对地电容大，从而产生大量的无功功率，其在线路中传输将引起较大的电压偏差。

（1）无功配置及电压要求。Q/GDW 11410—2015《海上风电场接入电网技术规定》对海上风电场在无功补偿装置配置以及电压控制等方面做出了相应规定，具体如下：

1）海上风电场应配置无功电压控制系统，具备无功功率调节及电压控制能力。风电场并网后能够响应系统调度指令，自动发出或吸收无功功率，实现对并网点的无功/电压的控制。

2）在无功管理方面，配置的容性无功容量能够补偿风电场满发时场内汇集线路、主变压器的感性无功及风电场高压海缆的全部以及登陆点到公共电网的送出线路的一半感性无功之和，其配置的感性无功容量能够补偿风电场自身的容性充电无功功率及风电场高压海缆的全部以及登陆点到公共电网的送出线路的一半充电无功功率。

3）在电压管理方面，当公共电网电压处于正常范围内时，风电场应当能够控制其 PCC 点电压在标称电压的 97%～107% 范围内。

（2）无功补偿方案。海上风电场可供选择的补偿地点有风电场集电线路低压侧母线、海上升压站高压侧母线，即高压海缆首端；海上风电场登陆点，即高压海缆末端以及高压海缆的中点，共计 4 个选点，如图 8-15 所示。

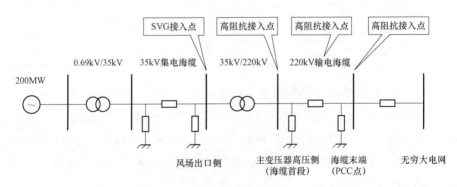

图 8-15　海上风电无功配置接入点

1）配置内容：感性与容性无功容量。静止无功发生器（static var generator，SVG）：静止无功发生器是一种能够对无功或电压快速调节的有源补偿装置。

SVG 有诸多的优点，例如，响应速度很小，一般在几毫秒左右，完全满足电网要求；补偿范围较大；启动方式为自励磁，启动速度快，冲击小，可以将冲击电流限制到很小；占地面积较小；可以为恒压源或者恒流源，输出的电压或者电流并不依靠系统电压，所以在系统电压很低时仍可以输出额定的无功电流，所以具有较强的补偿能力和较宽的运行范围。SVG 的缺点也显而易见，就是价格比较昂贵，经济性较差❶。

2）补偿地点。根据海缆长度的距离可以将风电场分为近海、中海及远海三类，各自理想情况下的补偿方案如下。

近海（海缆长度小于 40km）：两点补偿，即风电场集电线路低压侧母线安装动态补偿装置进行补偿和登陆点高压电抗器集中补偿。

中海（海缆长度在 40～70km）：三点补偿，即风电场集电线路低压侧母线安装动态补偿、海上升压站高压侧补偿和陆上登陆点补偿。

远海（海缆长度在 70～100km）：四点补偿，即沿线补偿，以保证海缆沿线电压合格。

3）补偿容量。

a. 海缆沿线总补偿量：海缆上应配置的电抗器容量（Mvar）约为海缆长度（km）的 1.8～2.2 倍。

b. 动态补偿装置：风场内的动态补偿装置约为风电场自身容量的 ±（10%～15%），以平衡无功波动。

为满足海上风电场并网的无功需求，需要将电抗器及无功补偿装置进行相互协调配合。在系统正常运行时，通过投入电抗器来对电容电流进行补偿，同时可适度提升线路高压电抗器的补偿度以提高线路绝缘的配合裕度；在系统发生故障时，通过切除高压电抗器并投入无功补偿装置 SVG，为系统提供无功补偿，使系统电压能够快速恢复正常。

---

❶ 付文秀，范春菊．SVG 在双馈风力发电系统电压无功控制中的应用．电力系统保护与控制，2015，000（003）：61-68．

8.3　海上风电场工频过电压问题及对系统的影响

电力系统中，各种设备正常情况下是在额定电压下工作运行，但是当发生雷击、操作、故障等情况时，系统中可能会产生远远超过额定电压的过电压。所谓过电压就是指系统电力元件的峰值电压超过其正常运行的最高峰值电压，对其绝缘有危害的电压升高。对于电力系统来说，根据过电压的来源可将其分为两类：外部过电压和内部过电压。外部过电压是由于系统外部发生改变，施加到系统上的过电压，又可称之为雷电过电压。内部过电压是指系统内部发生操作（如开关投切）、故障（如接地、断线）等，使运行状态发生改变，而引起相关设备（如电感、电容）上的电场、磁场能量相互转换而导致的过电压。内部过电压分为暂时过电压和操作过电压，其中暂时过电压又可分为工频过电压和谐振过电压。图 8-16 描绘了电力系统过电压分类。

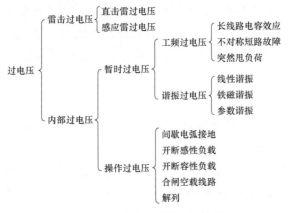

图 8-16　电力系统过电压分类

8.3.1　工频过电压机理

电力系统在正常或是故障运行时出现幅值超过最大工作电压且频率为工频或接近工频的电压升高被称为工频过电压。工频过电压本身的幅值较低，不会对电气设备造成直接危害，但它对绝缘裕度较小系统的影响却不容忽视。

（1）内部过电压中，操作过电压可能和工频过电压同时发生，它们之间相互叠加将对系统造成更大的危害。

（2）工频过电压具有不衰减特性，因此其持续时间较长，对设备绝缘及运行性能也有很大的影响。因此，要同时限定工频电压升高的幅值及持续时间，一般要求工频电压升高不超过额定值的 1.3 倍，持续时间不超过 1 分钟。

工频过电压产生的主要原因是空载长线路的电容效应、不对称接地故障引起的正常相电压升高以及突然甩负荷等，其过电压的大小与系统结构、容量及运行方式等因素有关[1]。

在海上风电并网系统中，由于海底电缆线路较长，因此需要考虑输电线的分布参数特性，设 r_0、l_0、c_0 和 g_0 分别为线路单位长度的电阻、电感、电容和电导，则海底电缆传输线的电路模型如图 8-17 所示。

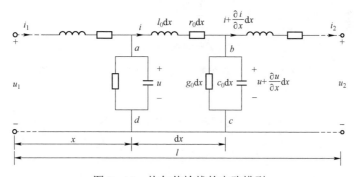

图 8-17　均匀传输线的电路模型

忽略二阶无穷小量及 $\mathrm{d}x$ 后，根据图 8-17 可以得到下列方程组

$$\begin{cases} -\dfrac{\partial u}{\partial x} = r_0 i + l_0 \dfrac{\partial i}{\partial t} \\ -\dfrac{\partial i}{\partial x} = g_0 u + c_0 \dfrac{\partial u}{\partial t} \end{cases} \tag{8-24}$$

设线路首端电压、电流分别为 $\dot{U}_1$、$\dot{I}_1$，线路末端电压、电流分别为 $\dot{U}_2$、$\dot{I}_2$，沿线任一点电压、电流分别为 $\dot{U}_x$、$\dot{I}_x$；x 表示距线路末端的距离。根据边界条件可以求得沿线电压表达式为

$$\dot{U}_x = \dot{U}_2 \cosh(\gamma x) + \dot{I}_2 Z_c \sinh(\gamma x) \tag{8-25}$$

$$\dot{I}_x = \frac{\dot{U}_2}{Z_c} \sinh(\gamma x) + \dot{I}_2 \cosh(\gamma x) \tag{8-26}$$

[1] 陈柏超，罗璇瑶，袁佳歆. 考虑工频过电压的海上风电场无功配置方案研究. 电测与仪表，2018, 055（013）：78-83.

其中

$$Z_c = \sqrt{\frac{Z_0}{Y_0}} = \sqrt{\frac{r_0 + j\omega l_0}{g_0 + j\omega c_0}} \tag{8-27}$$

$$\gamma = \alpha + j\beta = \sqrt{Z_0 Y_0} = \sqrt{(g_0 + j\omega c_0) \cdot (r_0 + j\omega l_0)} \tag{8-28}$$

式中：γ 为线路传播系数；Z_c 为线路特性阻抗又称为波阻抗；α 为相位移系数；β 为衰减系数。

若忽略线路损耗，即令 $g_0 \approx 0$，$r_0 \ll \omega L_0$，则线路波阻抗、线路的传播系数简化为

$$Z_c = \sqrt{\frac{l_0}{c_0}} \tag{8-29}$$

$$\gamma = j\omega\sqrt{c_0 l_0} \tag{8-30}$$

并有 $\cosh(\gamma x) = \cos(\alpha x)$，$\sinh(\gamma x) = j\sin(\alpha x)$，则式（8-25）和式（8-26）可改写为

$$\dot{U}_x = \dot{U}_2 \cos(\alpha x) + j\dot{I}_2 Z_c \sin(\alpha x) \tag{8-31}$$

$$\dot{I}_x = \dot{I}_2 \cos(\alpha x) + j\frac{\dot{U}_2}{Z_c} \sin(\alpha x) \tag{8-32}$$

则可得线路首末端电压电流关系式为

$$\dot{U}_1 = \dot{U}_2 \cos(\alpha l) + j\dot{I}_2 Z_c \sin(\alpha l) = \dot{U}_2 \cos\lambda + j\dot{I}_2 Z_c \sin\lambda \tag{8-33}$$

$$\dot{I}_1 = \dot{I}_2 \cos(\alpha l) + j\frac{\dot{U}_2}{Z_c} \sin(\alpha l) = \dot{I}_2 \cos\lambda + j\frac{\dot{U}_2}{Z_c} \sin\lambda \tag{8-34}$$

1）空载线路电容效应引起的工频过电压。对于空载线路，$\dot{I}_2 = 0$，则由上式可求得线路末端电压为

$$\dot{U}_2 = \frac{\dot{U}_1}{\cos(\alpha l)} \tag{8-35}$$

式（8-35）表明，线路长度越长，则线路末端工频过电压升高就越厉害，其中 $\dfrac{1}{\cos(\alpha l)}$ 称为线路首端对末端的电容效应系数。

对于海上风电场，其海底电缆一般都较长，空载长线路电容效应较为显著，其容抗大于感抗。当线路上流过容性电流时，将使线路各点电压高于电源电势，

且越靠近空载线路末端，电压升高愈严重，空载长线路沿线电压分布如图 8-18 所示。为限制该工频过电压，通常采用并联电抗器的方式来削弱电容效应。

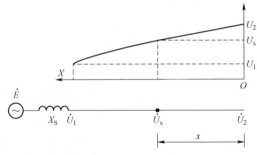

图 8-18　空载长线路沿线电压分布

2）不对称接地故障引起的工频过电压。不对称接地故障是电力系统中出现频率最高的故障形式，其中单相接地故障又是不对称接地故障中出现频率最高的一种故障，且发生单相接地故障时，非故障相的电压数值更大一些。因此下面将以单相接地故障为例，说明不对称接地故障引起线路工频过电压的原理。

设 Z_1、Z_2 及 Z_0 分别为从故障点看进去的系统的正序、负序和零序入口阻抗，$\dot{E}_A$ 为正常运行时故障点处相电压正序分量。当 A 相发生接地时，故障点的边界条件为

$$\begin{cases} \dot{U}_A = 0 \\ \dot{I}_B = \dot{I}_C = 0 \end{cases} \tag{8-36}$$

由式（8-36）可推出三序电流分量可表达为

$$\dot{I}_1 = \dot{I}_2 = \dot{I}_0 = \frac{\dot{E}_A}{Z_1 + Z_2 + Z_0} \tag{8-37}$$

三序电压分量的关系为

$$\begin{cases} \dot{U}_1 = \dot{E}_A - Z_1\dot{I}_1 \\ \dot{U}_2 = -Z_2\dot{I}_2 \\ \dot{U}_0 = -Z_0\dot{I}_0 \end{cases} \tag{8-38}$$

式中：$\dot{U}_1$、$\dot{U}_2$ 和 $\dot{U}_0$ 分别为正序、负序和零序电压；$\dot{I}_1$、$\dot{I}_2$ 和 $\dot{I}_0$ 分别为正序、负序和零序电流。

故障点处，健全相电压可分别由下列公式计算得出

$$\dot{U}_B = a^2\dot{U}_1 + a\dot{U}_2 + \dot{U}_0 = \frac{(a^2-1)Z_0 + (a^2-a)Z_2}{Z_1 + Z_2 + Z_0}\dot{E}_A \tag{8-39}$$

$$\dot{U}_C = \frac{(a-1)Z_0 + (a-a^2)Z_2}{Z_1 + Z_2 + Z_0}\dot{E}_A \tag{8-40}$$

其中 $a = e^{j\frac{2\pi}{3}}$。

对于容量较大的系统，可近似认为负序阻抗与正序阻抗相等，即 $Z_1 \approx Z_2$，同时由于阻抗中的电阻分量较小可忽略，则式（8-39）和式（8-40）可简化为

$$\dot{U}_B = \frac{(a^2-1)X_0 + (a^2-a)X_1}{2X_1 + X_0}\dot{E}_A = \left[-\frac{1.5(X_0/X_1)}{2+(X_0/X_1)} + j\frac{\sqrt{3}}{2}\right]\dot{E}_A \quad (8-41)$$

$$\dot{U}_C = \left[-\frac{1.5(X_0/X_1)}{2+(X_0/X_1)} - j\frac{\sqrt{3}}{2}\right]\dot{E}_A \quad (8-42)$$

由式（8-41）和式（8-42）可计算得到健全相电压的数值分别为

$$U_B = U_C = U_{Xg}\sqrt{\left[\frac{1.5(X_0/X_1)}{2+(X_0/X_1)}\right]^2 + \frac{3}{4}} = \alpha U_{Xg} \quad (8-43)$$

系数 α 称为接地系数，即故障时健全相的电压有效值与正常运行时对地电压有效值之比。接地系数越大，表明电压升高现象越严重。

8.3.2 工频过电压抑制措施

根据 GB/T 50064—2014《交流电气装置的过压保护和绝缘配合设计规范》，对于 110kV 及 220kV 交流系统，工频过电压不应大于 1.3p.u.。对于 330～750kV 交流系统，线路断路器的变电站侧的工频过电压不宜超过 1.3p.u.；线路断路器的线路侧的工频过电压不宜超过 1.4p.u.，其持续时间不应大于 0.5s；当超过上述要求时，在线路上宜安装高压并联电抗器加以限制。

采用并联电抗器来增加系统的感抗，进而补偿输电线路的容性充电功率，限制系统工频电压的升高和操作过电压，改善沿线电压分布，增加系统的稳定性和送电能力。此外，采用并联电抗器可以改善轻负荷线路中的无功潮流分布，降低有功损耗。采用并联电抗器长线路沿线电压分布图如图 8-19 所示。

如果在长线路的末端接有并联电抗器 X_L，当线路末端空载时末端电流为

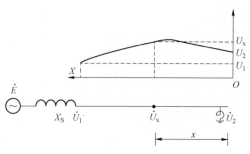

图 8-19 并联电抗器长线路沿线电压分布

246

$$\dot{I}_2 = \frac{\dot{U}_2}{jX_{\mathrm{L}}} \tag{8-44}$$

$$\dot{U}_2 = \frac{\dot{E}}{(1 + X_{\mathrm{s}} / X_{\mathrm{L}})\cos\lambda + (Z_{\mathrm{c}} / X_{\mathrm{L}} - X_{\mathrm{s}} / Z_{\mathrm{c}})\sin\lambda} = \frac{\dot{E}}{\cos(\lambda + \varphi - \beta)} \tag{8-45}$$

其中 $\dfrac{X_{\mathrm{s}}}{Z_{\mathrm{c}}} = \tan\varphi$，$\dfrac{Z_{\mathrm{c}}}{X_{\mathrm{L}}} = \tan\beta$。

由式（8-45）可知，电抗器的容量增大，即电抗器阻抗 X_{L} 减小，线路末端电压 $\dot{U}_2$ 将下降。

在实际工程应用中也常用并联电抗器限制工频电压升高，电抗器的接入位置可以是长线路的末端，也可以是线路的首端和中端，其沿线电压分布将随电抗器的位置不同而各异。为了研究并联电抗器不同接入位置对工频过电压的影响，分别就首端补偿、末端补偿、首末端同时补偿三种偿模式进行了仿真建模，还同时考虑了 60%、70%、80%、90% 四种补偿度对补偿效果的影响，如图 8-20 所示。

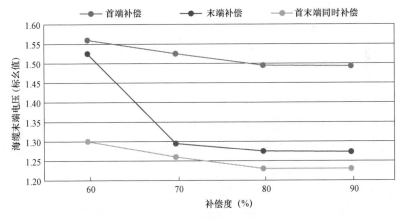

图 8-20　不同补偿模式下并联高压电抗器抑制工频过电压效果对比图

通过分析可以得到如下结论：

（1）在并联电抗器投运之前，线路的工频过电压将超过 1.3p.u.，不满足国标要求，因此必须加装并联电抗器以实现无功补偿。

（2）通过比较三种不同接入位置，可以发现：首端补偿不能有效地抑制工频过电压；相比首端补偿，末端补偿的效果较好，但只有当补偿度高于 70% 时才能有效地抑制工频过电压在国标要求范围之内；而首末两端同时补偿可以在补偿度较低的情况下很好的抑制工频过电压。

（3）在同一补偿方式下，补偿度越高，工频过电压的抑制效果越好，当补偿度达到80%时其抑制效果几乎达到最佳。

8.3.3　工程处理案例

海上风电项目在近海区域，主要以高压交流方式输送，一般海上风电机组通过风机升压变升后，由35kV海底电缆汇流后，升压至220kV由海底电缆送至陆上集控中心，再经过架空线与电网区域变电站连接，实现海上风电的并网，其结构示意图如图8-21所示。

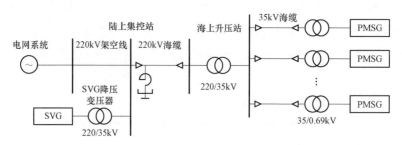

图8-21　某项目海上风电系统结构示意图

为改善工频过电压现象，海缆末端配有容量为43Mvar并联高压电抗器，同时在陆上集控站配有一套额定容量-55～55Mvar静止无功发生器（SVG），可有效确保海底电缆安全运行及风电场电能稳定可靠地送出。工程上需要对海缆的长线电容效应、不对称接地和海上风电场运行方式改变等不同情形下仿真计算工频过电压，校核高压电抗器参数，防止在特殊的运行方式下仍可能会因为系统参数设置不当、高压电抗器退运等原因导致的工频过电压。

为便于模拟计算研究，首先需要根据某海上风电场接入系统主接线图，并结合风电机组及变压器、35kV集电海缆、220kV送出海缆参数、架空线路、高压电抗器和SVG等设备参数，对海上风电场及接入电网进行等值简化，建立风电场接入陆上电网的等效计算模型；同时需要根据系统设计方案，考虑各种运行方式，包括：风电场输出功率大小、部分风机停运、部分海缆故障停运、升压站变压器中性点接地方式、高压电抗器退出运行等多种工况；同时考虑到三种故障跳闸方式：正常运行方式下无故障跳开三相线路、线路末端单相接地跳开三相线路和线路末端两相接地跳开三相线路，分别用 K$^{(0)}$、K$^{(1)}$ 和 K$^{(2)}$ 表示；从而计算出各种运行方式在不同故障方式下升压站和集控站母线电压。根据 DL/T 5429—2009 要求，220kV 线路工频过电压一般不超过 1.3p.u.。

实际工程中，根据引起工频过电压的原因不同需要考虑如下四个方面来进行校核：

（1）送出海缆的工频过电压。某工况下送出海缆工频过电压计算结果如表 8-7 所示。通过对某海上风电项目 220kV 海底电缆工频过电压分析可知，各运行工况下，高压电抗器正常运行时，220kV 送出海缆最大工频过电压为 1.19p.u.，未超出国标允许范围由于海缆的长线电容效应、不对称接地等原因引起的工频过电压现象，通过并联高压电抗器都会得到改善；高压电抗器退出运行时，在特定运行工况下，220kV 送出海缆达到最大工频过电压为 1.34p.u.，超出国标允许范围。故而，应当避免在特殊工况下高压电抗器退运现象的发生，见表 8-7。

表 8-7　　　　　　　某工况下送出海缆工频过电压计算结果　　　　　　（p.u.）

高压电抗器配置	故障跳闸方式	海上升压站侧三相跳		陆地侧三相跳	
		海上升压站侧	陆地侧	海上升压站侧	陆地侧
正常运行	K$^{(0)}$	0.91	0.91	1.19	1.19
	K$^{(1)}$	1.00	0.96	1.07	1.08
	K$^{(2)}$	0.99	0.97	0.65	0.65
高压电抗器退运	K$^{(0)}$	0.92	0.92	1.34	1.34
	K$^{(1)}$	1.01	0.97	1.20	1.21
	K$^{(2)}$	1.00	0.98	0.69	0.70

（2）架空线路短路或断线故障时海缆工频过电压。陆上集控站与接入电网变电站之间由架空线路连接，当架空线发生短路故障、断线故障时，若架空线与海缆保持连接，架空线上的工频过电压将传递到海底电缆，因此有必要对架空线的故障工况进行验算。

架空线短路故障主要考虑变电站侧线路末端单相接地跳开三相线路和线路末端两相接地跳开三相线路；断线故障考虑变电站侧断路器发生单相偷跳、两相偷跳及无故障跳三相的故障方式。

某工况下架空线路故障海缆工频过电压计算结果如表 8-8 所示。当架空线变电站侧短路故障，变电站侧断路器三相跳开，而对侧断路器拒动，可以计算得到各运行工况下海缆的工频过电压。在某种特定运行方式下，当发生不对称接地短路故障时，220kV 送出海缆最大工频过电压为 1.09p.u.，未超出国标允许范围。当架空线变电侧发生开关误跳导致断线故障时，220kV 送出海缆最大工频过电压为 1.28p.u.，未超出国标允许范围。

表 8-8　　　　　某工况下架空线路故障海缆工频过电压计算结果　　　　单位：p.u.

陆上架空线路变电站侧故障方式		海上升压站侧	陆地侧
短路	架空线单相接地	1.09	1.09
	架空线两相接地	0.57	0.57
断线	单相跳闸	1.08	1.08
	两相跳闸	1.28	1.28
	三相跳闸	1.25	1.25

（3）机组带长线方式下海缆工频过电压。电源漏抗的存在会加剧空载长线路的末端电压升高，可能会引起更高的容升过电压。考虑到风电场投产初期并联机组数量少，机组阻抗更大，相当于增加海缆的长度，助增了容升效应。因此，需要对风机开机台数较小时的工况进行验算。表 8-9 为少开机方式，高压电抗器正常运行时送出电缆工频过电压结果。

当高压电抗器正常运行时，可计算得电源漏抗约为 890Ω（折算至 220kV侧）时，线路末端电压将升高至最大。经换算，此时对应风电机组并联 3 台。如表 8-9 所示，海缆最大工频过电压为 62.54p.u.。在现有高压电抗器配置方案下，在海上升压站仅一台主变压器运行、风电场机组带空载长电缆时，为满足海缆工频过电压不高于 1.30p.u.的要求，风电场开机数应不少于 9 台。

表 8-9　少开机方式下，高压电抗器正常运行时送出电缆工频过电压

开机台数	故障位置	故障方式	海上升压站侧	陆地侧
3	陆地侧跳三相	$K^{(0)}$	62.46	62.54
		$K^{(1)}$	54.11	54.19
		$K^{(2)}$	0.14	0.15
4	陆地侧跳三相	$K^{(0)}$	4.26	4.27
		$K^{(1)}$	3.69	3.70
		$K^{(2)}$	0.17	0.18

开机台数	故障位置	故障方式	海上升压站侧	陆地侧
8	陆地侧跳三相	$K^{(0)}$	1.31	1.31
		$K^{(1)}$	1.14	1.14
		$K^{(2)}$	0.31	0.32
9	陆地侧跳三相	$K^{(0)}$	1.28	1.28
		$K^{(1)}$	1.13	1.15
		$K^{(2)}$	0.34	0.34

当高压电抗器退出运行时，计算可得电源漏抗约为 515Ω（折算至 220kV侧）时，工频过电压呈现最大值，经换算，对应风电机组并联 7 台，见表 8–10。风电机组并联 7 台时海缆最大工频过电压为 14.90p.u.。

表 8–10　少开机方式下，高压电抗器退出运行时送出电缆工频过电压

开机台数	故障位置	故障方式	海上升压站侧	陆地侧
5	陆地侧跳三相	$K^{(0)}$	3.67	3.69
		$K^{(1)}$	3.19	3.21
		$K^{(2)}$	0.23	0.24
6	陆地侧跳三相	$K^{(0)}$	10.45	1150
		$K^{(1)}$	9.94	9.99
		$K^{(2)}$	0.27	0.27
7	陆地侧跳三相	$K^{(0)}$	17.10	17.17
		$K^{(1)}$	14.84	14.90
		$K^{(2)}$	0.30	0.30
8	陆地侧跳三相	$K^{(0)}$	6.48	6.50
		$K^{(1)}$	5.62	5.64
		$K^{(2)}$	0.33	0.33
9	陆地侧跳三相	$K^{(0)}$	4.32	4.33
		$K^{(1)}$	3.75	3.76
		$K^{(2)}$	0.35	0.36

（4）发电机自励磁引起的海缆工频过电压。发电机电抗参数如果与外电路的容抗参数（如空载线路）配合得当，会发生自励磁现象，激起参数谐振，产

生很高的过电压。根据工程实际经验，机组带空载线路越长越容易发生自励磁；机组开机数越少，发电机等效电抗越高，越容易发生自励磁现象。因此同样需要对风机开机数较少的工况进行研究。某项目风电场海缆总长度为 53.752km，高压电抗器退出时，从 220kV 母线向线路看的等效容抗为 $X_C = 370\Omega$。风电机组发电机等值同步电抗 $X_q = 0.048\ 3\Omega$，风机升压变压器漏抗为 19.44Ω（折算至高压侧 38.5kV），单台风机及升压变压器折算至 220kV 侧的等效电抗 $X_q + X_{T1}$（含升压变压器）为 6060Ω，海上升压变压器漏抗 X_{T2} 为 46.29Ω（折算至高压侧 220kV）。

风电厂发电机自励磁验算结果见表 8−11，验算过程中海上升压变压器考虑为东区一台变压器运行，对高压电抗器正常运行和退运情况均进行了计算。结果表明，为避免发电机自励磁过电压产生，若高压电抗器正常运行，风机开机数应不少于 7 台；若高压电抗器退出运行，风机开机数则应不少于 19 台。

表 8−11 风电厂自励磁验算结果

开机数	高压电抗器配置情况	$X_d + X_T$（Ω）	X_C（Ω）	是否自励磁
18	高压电抗器退运	383	370	是
19		365	370	否
6	高压电抗器投入	1056	928	是
7		912	928	否

综合上述四点可以得到以下结论：

各运行工况下，高压电抗器正常运行时，220kV 送出海缆最大工频过电压为 1.19p.u.，联络海缆最大工频过电压为 1.17p.u.，未超出国标允许范围，高压电抗器配置方案可有效降低 220kV 海缆工频过电压水平；高压电抗器退出运行时，送出海缆最大工频过电压为 1.34p.u.，超出国标允许范围，应避免系统在对应特殊工况下发生高压电抗器退运。

按当前高压电抗器配置方案并正常投入运行，风电场实际运行中还需注意：

在海上升压站仅一台主变压器运行、风电场机组带空载长电缆的最严苛运行条件下风机开机数应不少于 9 台；其他运行条件下，若想风电场总开机少于 9 台，需结合运行条件进一步核算确定。为避免发电机自励磁过电压产生，若高压电抗器正常运行，风机开机数应不少于 7 台；若高压电抗器退出运行，风机开机数应不少于 19 台。

8.4　海上风电并网对电网规划发展的影响

8.4.1　风电接入对电网规划复杂度的影响

（1）风电并网对电网频率的影响。风电的随机性和波动性会导致风机出力的变化较大，当海上风电并网容量在电力系统中所占比例较大时，其输出功率的随机波动性会对电网频率造成较大的影响。如在高渗透率风电并网的局部电网中，当风电由于停风或大风失速而导致出力大幅减少甚至失去出力后，会使电网频率降低，影响到电力系统的频率稳定性。为了保证电网频率不超过规约约定的范围，在实际电网规划阶段一般要求其他常规机组具备较高的频率响应能力，能通过实时跟踪调节抑制频率的波动；同时在风电规划阶段提高系统的备用容量和采取优化调度运行方式，使风电与电力系统的联系紧密，降低风电并网对电网频率的影响。

（2）风电并网对电网电压的影响。由于风电场一般位于边远地区或远海区域，距离电网主干网架较远，网络结构比较薄弱（短路容量比较小），因此大规模海上风电并网运行时必然会对电网的电压稳定性造成影响。当前风力发电机运行都需要无功支撑，因此在实际风力风电场都配备有无功补偿装置。常用的无功补偿装置是分组投切电容器，其最大无功补偿量根据风电机设定的功率因数确定。风电并网对电网电压的影响包含了稳态的电压波动（扰动）、电压闪变、波形畸变（谐波）、电压不平衡（产生负序电压）以及瞬态电压波动（即电压骤升或骤降）等。

引起上述电压不稳定问题的主要原因包括：

1）普通的电容器投切无功补偿方式中补偿量与接入点电压的平方成正比，即当系统电压降低时无功补偿量会减少，但实际过程中风电场对电网的无功需求反而上升，这就会恶化电压水平，严重时甚至由于电压崩溃导致风机被迫停机。

2）在故障和操作后未发生功角失稳的情况下，部分风电机组由于自身的低电压保护而停机，风电场有功输出减少，导致系统失去部分无功负荷，造成电压水平偏高，甚至使风电场母线电压越限。

3）风电场发生低电压故障后恢复过程中，由于投入的无功补偿装置未及时切除，导致系统无功过程造成电网电压骤升现象。

4）风电场出力过高有可能降低电网的电压安全裕度，容易导致电压崩溃。

针对上述风电并网对电压稳定性的影响，提出电压稳定性的分析方法：一类是基于稳态潮流方程的静态分析方法，另一类是动态分析方法。

1）基于稳态潮流方程的静态分析方法。基于潮流模型的分析方法忽略了电力系统动态因素，是分析小干扰电压稳定性的一种简化形式，主要有灵敏度分析法、潮流多解法、域分析法、最大功率法、模态分析法和奇异值分解等。从大量的研究和实际电压失稳事故现象看，虽然电压稳定性问题涉及电力系统的动态特性，但却与电力系统潮流方程有着密切的关系，而且由于静态分析方法能给出一些定性结论，所以是研究和分析风电场并网后电压稳定性问题的主要方法之一。

2）动态分析方法。动态分析方法考虑了风电场并网过程中电力系统映射出来的动态特性，能够更全面地分析电网电压波动的机理。当前解决电压稳定性的动态分析法主要包括基于线性化方程的小扰动分析法和基于非线性微分方程的动态分析法。前者是将描述系统动态特性的微分方程组和代数方程组在运行点处线性化，通过分析状态方程特征矩阵的特征根来评估系统的稳定性；后者主要用于研究电力系统遭受如线路故障等较大的冲击或者系统位于小干扰稳定裕度边界时系统的电压稳定性。目前这方面的研究方法主要有能量函数法、时域仿真法和非线性动力学方法。

根据上述基于稳态潮流方程的静态分析方法以及动态分析方法，在风电规划时可以较好地减轻高比例海上风电并网对局部电网稳定性的影响，提高了局部电网的电压稳定性。

（3）风电并网对电力系统调峰的影响。大规模海上风电并网后由于风电固有的波动性和随机性，其对电力系统的调度运行造成很大的影响，因此系统拥有足够灵活的可调节容量是电网接纳高渗透率风电的先决条件之一。由于大规模风电接入后，系统秒至分钟级的自动发电控制（automatic generation control，AGC）容量需求并没有显著增加，但日内的调峰容量需求会随着风电装机容量的增加而显著增长。这就造成电网的调峰需求大幅度增加，使得电网的调峰能力可能成为风电实现大规模并网发展的技术瓶颈。

目前在规划中常采用基于确定性的方法分析由风电接入后引起的调峰问

题，认为风电接入后系统需要增加与风电等容量的调峰容量。但实际情况中，风电日内出力曲线变化多端，各种出力方式下风电对常规电源调峰容量的需求也不尽相同。大规模风电日内出力出现极大幅度变化、需要大量调峰容量平衡其波动的概率极小。此外，大规模风电场群之间出力的平滑效应以及风电出力与负荷之间相关性都会影响风电接入系统后的调峰需求。因此研究大规模风电对电网调峰的影响的更精确的方法、合理确定系统的调峰容量是当前的研究难点之一。

综上所述，风电的并网将影响电网频率、电网电压以及电力系统运行调峰能力。因此，风电并网从这几个方面增加了电网规划的复杂度，在对风电进行规划时需要重点考虑上述几个方面。

8.4.2　海上风电经柔直并网对系统复杂度的影响

（1）柔性直流协调控制策略。与传统直流输电系统不同，海上风电柔性直流输电系统不仅需要同时控制数千个子模块的通断，维持各子模块中电容电压的未定，还要协调控制多端换流站的运行方式，控制变量多，控制过程复杂。因此，一般将柔直输电的控制系统分为三级，由上到下依次为系统级、换流站级以及换流器阀级控制，如图 8-22 所示。

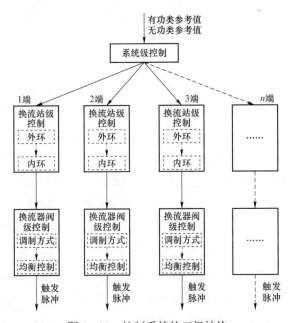

图 8-22　控制系统的三级结构

1）换流器阀级控制作为最底层的控制环节，其主要作用是执行每个步长内所有开关器件的触发控制，以最简单的方式达到控制速度最快、器件损耗最少的目标。该控制功能一般含电压波形调制、子电容均压平衡、启停控制等。

2）换流站级控制作为中层的核心部分，其主要作用是控制换流站的内部器件，保证实时跟踪系统级控制器传来的指令，以得到期望的交直流电压、电流、功率等电气量。其主要含有功类控制外环和无功类控制外环，使各换流站根据预设的参考值调制内环电流。

3）系统级控制作为最上层的协调部分，其主要作用是根据实际运行情况统一协调安排各端换流站的控制策略，调整各端换流站的控制指令值，根据实际需求灵活快速地切换各站的控制模式，实现交、直流及各站间相互协调与配合，以保证多端直流输电系统运行的稳定性和可靠性。

（2）柔性直流输电对电网的影响。柔性直流输电对电网的影响作用主要包括两方面。一是由于直流输电对海上和陆上电网的解耦导致的海上风电场惯性减小，且随着风电场容量增加系统的惯量降低，当系统负荷变化或发生故障时，系统将产生较大的频率偏移，这将严重影响直流输电系统的稳定性；二是由于采用传统的两端直流输电系统实现多个电网之间的互联，需要多条直流传输线路，成本和运行费用很高。

当前随着多端直流技术的发展，当具有3个或3个以上的换流站实现海上风电场经直流输电系统并网时，这种柔性直流换流站互联形成的直流电网具有常规直流输电系统不具备的多个优点，如输电距离更远、潮流反转但电压极性不变、可实现多电源供电和多落点受电等，可以进一步提高电网对新能源的消纳能力，提高大规模海上风能的利用率。

（3）直流构网需求及复杂性。根据直流电网网架及换流站的拓扑结构以及MMC子模块拓扑结构，将海上风电柔性直流电网的网架结构设计为"口"字型结构，如图8-23所示。柔性直流换流站主要有对称单极结构（每站只安装一个换流器）和对称双极结构（每站安装两个换流器）两种拓扑方式。实际工程中由于对称双击结构的运行方式比较复杂，且当极线或直流线路发生接地故障时，对称单极结构不会产生直流极间短路，故障严重程度较低，同时对称单极结构发生极间故障的概率非常低，因此柔性直流电网换流站常采用对称单极结构❶。

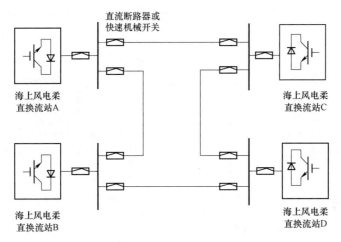

图 8 - 23　海上风电柔性直流电网的网架结构

8.4.3　离岸电网构建需求

（1）海上风电集电系统的构建需求。海上风电场集电系统的主要任务是将各风电机组输出的电能通过中压海底电缆汇集到海上变电站的汇流母线。由于海上风电场运行条件和环境比较恶劣，集电系统一旦发生故障，其维护、检修工作难度较大、耗时较长。因此，海上风电场集电系统的优化设计关系着整个海上风电场的安全与经济运行，成为工程技术人员关注的焦点之一。集电系统的优化设计主要包括集电系统的拓扑优化、设备选型等。

因此，在海上风电场集电系统的构建过程中，需从设计、优化及评估等方面对集电系统的拓扑结构进行研究，建立海上风电场集电网络的最优模型，从经济性、安全性等方面考虑提出海上风电场电气系统整体配置的优化方案。

（2）海上风电换流站构建需求。与陆上换流站关键选择电气设备参数的技术和方案相比，海上换流站电气设备型式选择的原则是必须适用于所处的海洋环境。因此，合理地制定海上风电柔直送出系统设备技术规范，不仅可以保障海上输电系统实际工程造价的经济性和建设的高效性，还可以提高系统运行的安全性和维护的便捷性。

---

❶ 唐西胜，陆海洋. 风电柔性直流并网及调频控制对电力系统功角稳定性的影响. 中国电机工程学报，2017，37（014）：4027 - 4035.

海上换流站关键电气设备主要包括电压源换流阀、连接变压器、连接变压器阀侧交流设备、交流开关设备等。海上风电柔性直流输电系统的基本结构如图 8-24 所示。

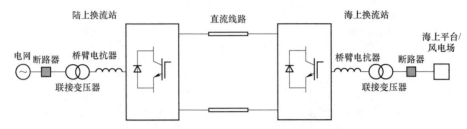

图 8-24　海上风电柔性直流输电系统的基本结构

海上换流站主要电气设备的功能总结如下：

1）电压源型换流器。电压源型换流器是柔性直流系统的核心部件，是实现交、直流系统之间信号和能量转换的枢纽设备。目前电压源型换流器主要采用两电平、三电平及模块化多电平（MMC）的拓扑结构。

2）联接变压器。联接变压器是交直流两侧功率输送的纽带，其电网侧与交流场相联，换流阀侧和换流器相联。

3）联接变阀侧交流设备。联接变阀侧交流设备主要包括桥臂电抗器和启动电阻。桥臂电抗器决定换流器的功率输送能力，同时也影响有功和无功功率的控制，并可抑制换流器输出的电流和电压中的开关频率谐波量和短路电流。启动电阻主要作用是降低功率模块电容的充电电流，减小充电时对交流系统造成的扰动，并减小对功率模块中二极管的电流应力。

4）交流开关设备。柔性直流换流站开关设备作用与常规直流换流站的开关设备作用相同，主要用于切除或者恢复发生故障的柔性直流换流站。

综上所述，海上柔直换流站设备的构建需求可从以下几点考虑：

1）海上换流站电气设备及生产辅助设施的设计应满足运行与维护的基本要求。电气设备的设计、制造与安装应充分考虑安全和维修的实际需求，注重模块化、小型化、无油化、自动化、免维护或少维护的技术特征，所选择的设备应具有性能优越、可靠性高、免维护或少维护、满足潮湿重盐雾等恶劣环境条件下稳定的特点。

2）海上换流站主要电气设备的设计应充分考虑设备尺寸的问题。由于海上平台造价高昂，运输及施工难度大，复杂程度较高，且海上环境复杂，设备可利用空间较小，因此必须考虑设备的小型化和紧凑化设计，以减小占地面积。

3）海上换流站运行模式原则上按无人值班远方监控设计。二次系统应遵循标准化设计、模块化和小型化设备的原则。